人工知能を理解する7つの問題

AIは人間の仕事を奪うのか？

株式会社デコム
松本健太郎 著
Kentaro Matsumoto

ITmediaエンタープライズ編集部
池田憲弘 編
Kazuhiro Ikeda

C&R研究所

本書はITmediaエンタープライズにて、2017年6月から2018年2月まで連載されていた『真説・人工知能に関する12の誤解』をベースにし、加筆・修正したものです。

はじめに

本書は、ITmediaというウェブ媒体で連載された「真説・人工知能に関する12の誤解」を加筆・修正して、**人工知能が、ビジネスだけでなく私たちの働き方や政府の役割、法律、倫理、教育、社会に、どのような影響を与えるのかを明らかにした本**です。

みなさん、はじめまして。本書の著者である松本健太郎と申します。連載を読まれていた方には「お久しぶりです」と言うべきでしょうか。

最初に「真説・人工知能に関する12の誤解」とは、どういう連載だったのかを説明させてください。

連載では、人工知能にまつわるビジネス・経済だけでなく、社会、法律、倫理、教育など、さまざまな論説を取り上げて、「それは誤解していますよ」と指摘しつつ、違った見方を披露していました。

世界的に見て、人工知能はビジネスに留まらず、多方面に影響を与えています。ブームを乗り越えて、すでにあらゆる人々の生活の一部に溶け込んでいると言えるでしょう。そしてこの傾向がますます高まっていくのは、まず間違いありません。

しかしながら、知識人を含むほとんどの人が人工知能を何らかの形で誤解していて、過剰に心配しているか、完全に安心しきっています。

みんなが誤解したまま人工知能を理解してしまうと、せっかくの恩恵を受けられないどころか、日本という社会全体で不利益を被る可能性すらあります。

たとえば、人工知能に関する専門家でもない限り、一般的には「人工知能とは私たちの仕事を奪う恐ろしい存在」と多くの人に認知されているのが現状です。しかし専門家からすると「そんなわけないでしょう」というツッコミが入ります。

こうしたギャップ、認識違い、ズレが人工知能には無数に生じているのです。

私の役割は「それは認識が違うんじゃないですか」と声をあげて、過度な警戒心を解くか、慢心や油断を指摘することでした。そして**自分は人工知能の片面しか理解していなかったと自覚してもらうことが連載の目的**でした。

そのために、専門家が使うような難しい話は扱わず、あえて**「ソーシャルネットワーク上でシェアしたくなる」**ようなアプローチで、さまざまなコンテンツを届けることを心掛けました。

連載は2017年6月に始まり、2018年2月に17回目の連載で無事に終わりました。

ちなみに12の誤解と言っているのに17回も連載が続いたのは、ご愛嬌というか、反響の高さに気を良くした私が「もう少し連載を続けたい」と編集部に訴えたからです。

2週間に1回程度の更新頻度ながら、当初の目標通りFacebook、Twitter、はてなブックマーク、NewsPicksなど、さまざまなソーシャルネットワーク上で多くの反響を呼びました。

ちなみに連載におけるソーシャルネットワークでの反響(シェア数、tweet数、pick数など)をすべて足し合わせると、約1万件もありました。

中には罵声を浴びたり、何もわかっていないと嘲笑を受けたりしましたが、概ね「面白い」「よくわかった」「ちゃんとまとまっている」という賛成意見をいただけました。「私はこう思う」「こういう考えもある」という議論を巻き起こすこともありました。

人工知能に関するコンテンツは2018年現在、ウェブだけでなく雑誌や書籍、テレビに溢れています。それなのに、なぜここまで反響があったのか。それは私なりに考えて、あえて**「ソーシャルネットワーク上でシェアしたくなる」**ような話題の作り方を工夫したからだと思います。

「そんな話どうでもいいから、まず人工知能とは何かについて教えてよ！」という方は、23ページまでお進みください。ちょっと松本の話を聞こうという方は、しばらくお付き合いいただければ幸いです。

人工知能賛美・人工知能非難はもう聞き飽きた！

人工知能は人類を超えるのか、超えないのか。
人工知能は人類から仕事を奪うのか、新たな仕事を創生するのか。
人工知能は確かな技術なのか、使い物にならないガラクタなのか。
人工知能は社会を変えるイノベーションなのか、社会に混乱しか生まないのか。
人工知能は人類を救う救世主なのか、人類を滅ぼす破壊神なのか。
要は、人工知能は良いやつなのか、悪いやつなのか。

たいていの書店には、一角に人工知能を扱うコーナーができています。試しに足を向けてみると、その多くの書籍が人工知能を白か黒か決め付けて、賛美するか非難するばかりです。

しかし私は思うのです。**良いか悪いか、これって非常に極端ではないでしょうか。**

100％善、100％悪の人間がいないのと同じで、100％OK、100％NGの技術もまた存在しません。どんな物事も、見方を変えれば姿・形は変わります。物事を立体的に捉えて、良い面もあれば悪い面もある、そうやって人工知能を理解する必要があるのではないでしょうか。それができない限りは人工知能を永遠に誤解し続けると私は思います。

たとえば、人工知能は、ある程度の職業自体をこの世からなくすほどの威力を振るうでしょう。しかし、それと同じくらいに新たな仕事を生み出すはずです。人工知能は人類から仕事を奪うのか、新たな仕事を創生するのか、どちらも正解なのですが、そうした中庸な人工知能論はあまり語られてこなかった印象があります。

何事においても極端に左右に振れて、ズバリ言い切る方がウケはよいでしょう。中庸はどっち付かずで、優柔不断な印象すら与えるかもしれません。

しかしながら、人工知能が騒がれ始めた2015年から今年で早4年が経過しようとしています。**もうそろそろ0でも100でもない、極端ではなく片寄っていな**

い人工知能論が必要ではないでしょうか。

良いとか悪いとか、そんな単純に割り切れる世の中ではないのですから。

✿本書を読めば、人工知能のだいたいが掴める

連載では、賛否が極端に分かれている、働き方、ビジネス、政府の役割、法律、倫理、教育、社会、7つの問題を取り上げています。

あえて、1つの問題に対して肯定的・否定的な疑問を1つずつ取り上げて「こういう見方もあるんですよ」という中庸スタイルで論説を繰り広げることにしました。

なぜなら私がやりたいのは、相手の主張をねじ伏せる説教ではなく、片面しか見ていなかったと気付いてもらうことだからです。どちらかを否定して一刀両断するのは簡単ではないでしょうか。

肯定的・否定的な疑問にそれぞれ回答する方法は、見方によっては「自分の意見がない」と評価されそうですが、それが「問題提起」をするということだと考えています。

そして、この「問題提起」というスタイルこそが「ソーシャルネットワーク上でシェアしたくなる」方法の鍵を握ります。

結論の決まっているコンテンツよりも、あえて最後を読者に委ねて議論を喚起するコンテンツの方がシェアされやすくなると私は考えています。

「Aという意見は間違っている！　Bが正しい！」というコンテンツは、A賛成派には受け入れ難くシェアされにくいという特徴があります。加えて、B賛成派からすれば当たり前の話なのでシェアする価値もなく、結果的に膨大なコンテンツ群の中に埋もれてしまいがちです。

一方で「Aという意見があるけれど、Bという見方がある。A賛成派のあなたはBをどう思いますか？」という話題を提供し、あえて結論を示さないコンテンツは、A賛成派は「この著者は何もわかっていない」、B賛成派も「A賛成派からしたら耳の痛い話」というコメント付きでシェアしてくれるという特徴があります。

加えて、双方がシェアしてくれるので、人工知能にあまり興味を示さない層からは「論点が整理されていてありがたい」「こういう話を知らなかった」「どちらかといえばA派かな」という反応を示してくれるのです。

これが「シェアしたくなる」工夫です。結果的には1万件近いソーシャルネットワークでの反響を呼び起こすことに成功しました。

言われてみれば平凡で当たり前のようにも思えますが、事前の下調べにはかなりの時間を要しました。単なるAとBの意見の中和ではどっち付かずになってしまい意味がないので、なるべく事実をたくさん盛り込み、政府のオープンデータを用いて論理的な意見の対立が発生するよう心掛けました。

かなり時間の要する手の込んだ連載でしたが、ITmediaエンタープライズ編集部の池田さんも丁寧に対応していただきました。感謝の言葉しかありません。

人工知能に関する7つの問題を片側だけ見て考えるのではなく、多角的な観点で取り上げるこのアプローチは、書籍化するにあたっても有効でした。

通常であれば人工知能時代の働き方や、人工知能を用いたビジネスの入門書だけで、まるまる1冊のボリュームになります。しかし、あえてそれ以外の話題をふんだんに盛り込んだ結果、多角的な視点で人工知能を観ることが可能になりました。

人工知能は2018年以降もますます発展し続けるでしょう。個人に影響を与え、組織に変革をもたらし、社会を変え、政府を動かす存在になるはずです。ある一面だけ知っていればいい、という時代ではなくなりました。つまり人工知能時代の働き方だけを知っていても、それだけでは「人工知能を知っている」とは言えなくなるのが2018年だと言ってもいいでしょう。

おそらくは本書で取り上げる働き方、ビジネス、政府の役割、法律、倫理、教育、社会、7つの話題以外にも必要な知識や情報はあるとは思いますが、**本書さえ読んでおけば人工知能のだいたいが掴めるようになると自負しています。**

本書では、7つの問題に対して肯定的な見方と、否定的な疑問から各章が始まります。その疑問に、あなたは「確かにその通りだ」と思われるでしょう。しかし、その後に続く別の観点からの意見を読んで、「そういう見方もあるかもなぁ」と考え方が変わるはずです。

もしそうなれば、私の目的である「自分は人工知能の片面しか理解していなかったと自覚してもらうこと」を達成したことになります。

2018年3月

松本健太郎

編集によせて

編集者は、記事における最初の「読者」である――。

これは、私たち編集者の立場を端的に表した言葉です。筆者から原稿をいただき、何かしらかの手を加えて、世に送り出していく。人それぞれスタイルはあると思いますが、筆者と編集者はいわば〝共犯〟のような関係と言えるでしょう。記事の反響がよければ、喜びを分かち合いますし、罵倒されれば一緒に反省することになります。

とはいえ、この連載で僕がやったことといえば、無責任なブレインストーミングで連載のコンセプトを考えたくらい。各回におけるオーダーも特になく、ふんわりとしたアイデアをそのまま丸投げしたような形になりました。そんな状態から、17回にもわたる連載を書き上げた松本さんには頭が上がりません。

一方で、原稿をもらってからの「編集」については、相当、頭を悩ませたところがあります。「人工知能」のようなはやりのキーワードは、多くの人の注目を集めやすい一方で、内容を誤解されやすい。人工知能という技術や考え方自体は、古くからありましたが、言葉として急激に広まったのはここ2~3年くらいの話です。人によって人工知能という言葉に対して抱くイメージは違いますし、持っている知識もまちまちであるためです。だからこそ、読者が置いてけぼりにならないよう、丁寧に話を進めていく必要がありました。

人工知能という言葉がＩＴ用語における一般的なバズワードと大きく異なるのは、アニメやＳＦなどによって、多くの人が「知っている」という点です。すでに何かしらかのイメージを持っているからこそ、これまた誤解が生まれやすいわけです。たとえセンセーショナルなタイトルで注目を集めたとしても、中身が伴わなければ「炎上」する。記事にせよ、テレビ番組にせよ、そんな例は少なくありません。これが人工知能というテーマでコンテンツを作る難しさであるように思います。

私自身、仕事で日々、人工知能に関する最新事例を取材していますが、その進歩はめざましいものがあります。もちろん技術革新のスピードもそうですが、それ以上に技術を利用したり、恩恵を受ける人の幅が大きく広がっているのです。病院の先生や地方の小さな農家、老舗旅館の経営者など、今までＩＴとは相性が悪かったような場所に次々と人工知能が導入され始めています。

人工知能の活用に苦戦する大企業も少なくない一方で、素晴らしい成果を上げている人たちもいる。これが昨今の人工知能を取り巻くビジネスの現状です。両者を分ける差はどこにあるのでしょうか。さまざまな取材を経て、その答えは「好奇心」だと考えるようになりました。ビジネス上の課題に対し、自ら勉強しながら、数々のアプローチを試してみる。彼らは楽しそうにそれをやっています。

最近は「人工知能に仕事を奪われるのか」という議論が盛んですが、人工知能を道具として捉え、いろいろなことを試す好奇心（探究心と言ってもいいかもしれません）が強い人は人工知能を〝使う〟立場になり、それがなければ、人工知能に使われる立場になるのではないかと感じています。

本書には、現在の人工知能を知るための「欠片」がそろっています。この内容だけで人工知能のすべてがわかるわけではありませんが、ITにあまりなじみがない人でも興味を持ちやすいよう、可能な限りわかりやすく、そのエッセンスをまとめました。奥深く、そして大きな可能性を秘めた人工知能の世界へ誘う入門書として、この本が皆さんの好奇心を刺激するきっかけになれば幸いです。

2018年3月

ITmedia エンタープライズ　編集部　池田憲弘

CONTENTS
目次

第2章 人工知能が「ビジネス」に与える影響

第3章

人工知能が「政府の役割」に与える影響

第4章 人工知能が「法律」に与える影響

第5章 人工知能が「倫理」に与える影響

第7章 人工知能が「社会」に与える影響

序章

知能と知性の違いから考える「人工知能」とは何か?

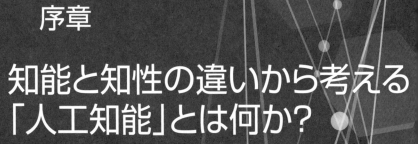

AI
ARTIFICIAL INTELLIGENCE

「人工知能」って結局、何なのか？

2018年、人工知能という言葉を聞かない日はありません。車を自動で運転し、消費者の質問に何でも答え、マーケティングの効果予測を行い、人の採用をサポートし、農作物の病気を予防する――。まるで、人工知能はどんな問題でも解決してくれるヒーローのようです。あらゆる場面に登場し、さまざまなイノベーションを起こしています。

一方で、人工知能と呼ばれているシステムを詳しく調べると、単なる重回帰分析、あるいは決定木分析のみにすぎない内容も多く、マーケティング領域で人工知能を研究している私としては「それで人工知能と呼んでいいのだろうか？」と考えさせられるケースも少なくありません。

昨今、人工知能という言葉が、会社や製品をアピールするための「マーケティング用語」として使われる機会が増えています。それ自体は悪い話ではないと思いますが、中身が伴わない人工知能の乱造は、悪貨が良貨を駆逐するような事態につながらないでしょうか。

そこで本書ではまず初めに、人工知能とは結局、何なのか、機械に何ができればそれは人工知能と言えるのかを考えていきます。

現在のところ、学術的な定義はないと私は認識しています。たとえば、2016年に近代科学社から出版された書籍「人工知能とは」では、最先端を走る研究者13人に人工知能の定義を聞いていますが、その回答は意外とバラバラです。なぜでしょうか。

「人工知能」とは何か、いまだ定義はできていない

人工知能の研究に携わる多くの研究者は、DL(ディープラーニング)やCNN(畳み込みニューラルネットワーク)、RNN(再帰型ニューラルネットワーク)などの基礎分野、あるいは画像認識や自然言語処理などの応用分野に従事しています。

研究者の大半は、あらゆる場面で活躍する「万能な人工知能」、たとえばドラえもんのようなネコ型ロボットの実現を研究・開発しているわけではありません。ある1つの領域における自律化した人工知能を研究・開発しているのです。その領域で設定された「人間のやっている◎◎という一領域を人工的に再構築できるなら人工知能っ

て呼べるよね」というプロジェクトを推進していると考えてよいでしょう。

それぞれの領域ですべてが重なるわけでもなく、それぞれで造っているものも違うのですから、人工知能の定義が研究者によってバラバラになるのも当然です。

ちなみに、決まった手順や基準の通りに従う自動化と違い、機械が手順や基準を自ら発見・判断・行動することを自律化と言います。何なら人間が示した手順や基準より精度の高い結果を残してくれるのが、自律化だと言ってもいいかもしれません。

そうした自律化した無数の人工知能が組み合わさった結果、ドラえもんのような「万能な人工知能」が誕生すると考えればよいでしょう。人間のように、あれもこれもできるから、もう人工知能って言えるよね、という発想です。

つまり、万能な人工知能が生まれるまでには、2段階のカベがあるというわけです。

ただし、研究者の中には「そんな人工知能は絶対に登場しない」として第1段階の自身の研究領域に対する人工知能の定義を述べる方がいます。一方で、最終的に目指す北極星のようなものとして第2段階の統合された人工知能の定義を述べる方もいるのです。

今あるもので定義するか、これから作るもので定義するか、人によって返ってくる答えが違うのが人工知能なのです。

ちなみに、総務省が発表した「ICTの進化が雇用と働き方に及ぼす影響に関する調査研究（平成28年）」によると、人工知能に抱くイメージとして、日本では「コンピュータが人間のように見たり、聞いたり、話したりする技術」が最も多いのに対し、アメリカでは「人間の脳の認知、判断などの機能を、人間の脳の仕組みとは異なる仕組みで実現する技術」という考えが最も多いことがわかっています（図1参照）。

◉図1　人工知能に抱くイメージ

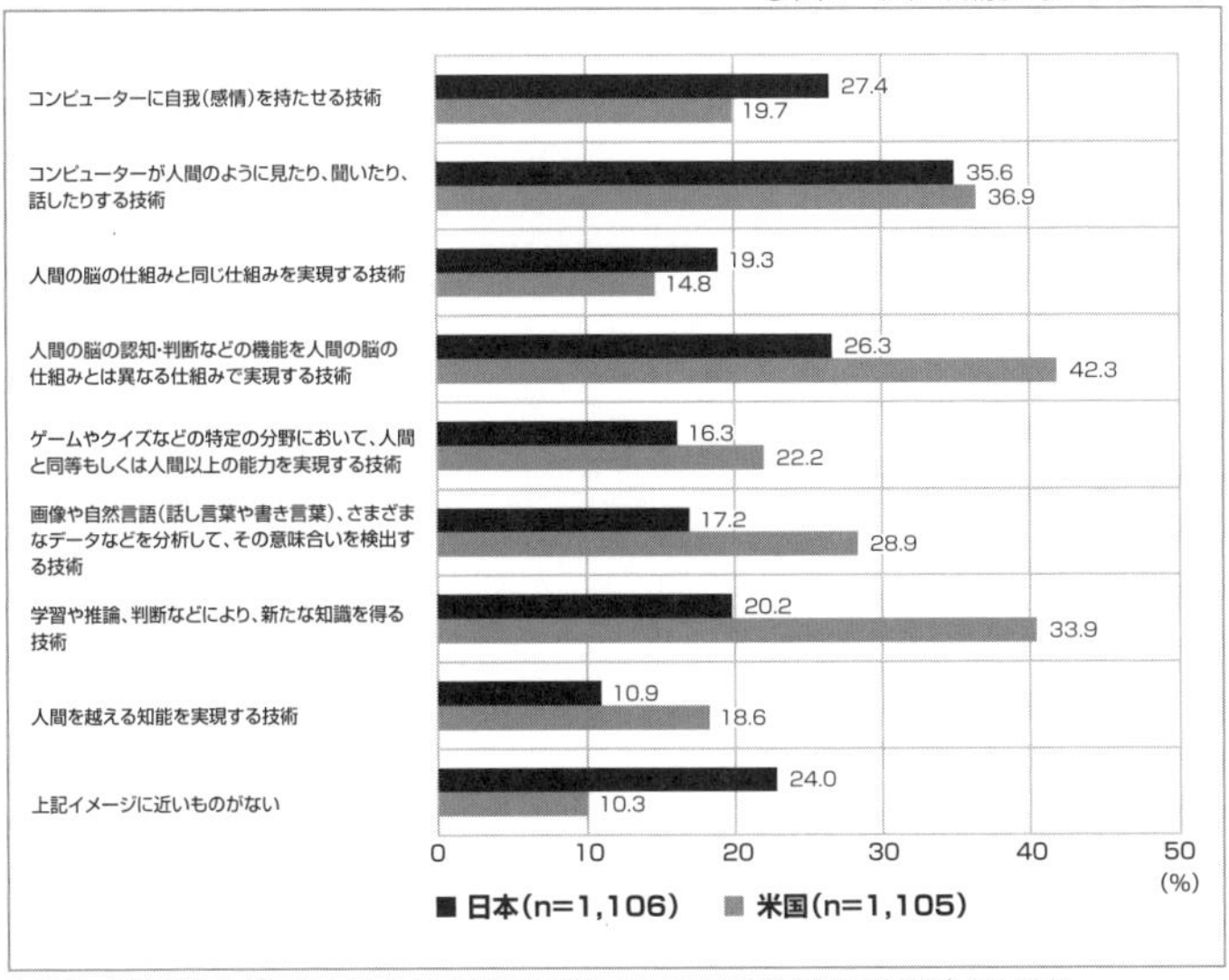

※出典：ICTの進化が雇用と働き方に及ぼす影響に関する調査研究（平成28年）より作成

この調査結果からわかる通り、住む国によっても人工知能とは何かという定義が異なりそうですね。

「人工知能とは何か」が定義できないさまざまな背景が、人工知能と言ったもの勝ちという状況につながっているのかもしれません。

「知能」とは何か、「知性」とは何が違うのか

本書で人工知能の解説を行うにあたって、定義がないままでは話が進めにくいですね。ひとまず、本書における人工知能の定義をしようと思います。

人工知能は、英語で「Artificial Intelligence」といいます。造られた(Artificial)知能(Intelligence)という意味なので、まず知能とは何かを考える必要があります。そして、なぜ知性(Intellect)と言わないのかについて考えるべきでしょう。**「知能」も「知性」も人間に備わっているのに、なぜ知能のみが対象なのでしょうか。**

多摩大学大学院の教授で、元内閣官房参与の田坂広志氏は、知能を「答えのある問いに対して答えを見いだす能力」、知性を「答えのない問いに対して考え続ける能力」と定義しています。

つまりすでに決まった正解を探す能力が「知能」です。一方、まだ正解らしい正解が決まっていなくて、実際に行動を起こさないとわからない案を考える能力が「知性」です。

知性の具体的な例として、トヨタ生産方式の生みの親である大野耐一氏の逸話がわかりやすいでしょう。大野氏は、いつ何を買いに行っても品ぞろえ豊富なアメリカのスーパーマーケットを視察して、必要な品物を、必要なときに、必要な量だけ在庫する「ジャストインタイム」の仕組みを発想したと言われています。

どのような方法で徹底的にムダを排除するか。この問いに、決まった答えはないでしょう。まさに答えのない問いです。大野氏は目の前にある問題の本質を掴み、抽象化し、あらゆる事象に当てはめて、うまくいくか考え続けたのでしょう。その1つが自動車の製造とはまったく関係のないスーパーマーケットの仕組みでした。

知性には「こんなものか」と考えるのを止めず、途切れず考え続けられるか、つまり、共通点を発見して関連付ける汎用的思考と教養が問われます。たとえば、何気ない雑談がその代表例でしょう。これは今のところ、人間のほうが得意だと言えます。

一方、知能には、知っているか知らないか、つまり、その問いの領域における知識量や奥深さが問われます。たとえば、クイズ番組がその代表例でしょう。これはすでに、人間よりもコンピュータのほうが得意でしょう。

これが知能と知性の違いです。

本書では、この考えに従って、人工知能を「答えのある問いに対し、答えを見いだすことを目的に、人が作り出したシステム」と定義します。

「ファスト思考」な人工知能、「スロー思考」な人工知性

1980年、アメリカの哲学者ジョン・サール氏は「Minds, Brains, and Programs」という論文の中で、人工知能がもたらす技術革新と社会への貢献を認めて、コンピュータを単なる道具だとする立場の人々や主張を「弱い人工知能」と表現し、人間の心をコンピュータで人工的に作ろうとする人々や主張を「強い人工知能」と表現して批判しました。

以降、思考とは何か、意識とは何か、といった論争が繰り広げられることになります。これが有名な「弱い人工知能と強い人工知能」論争です。

よくある誤解として、強い人工知能とは万能な人工知能、それこそ出だしに紹介し

た第2段階の人工知能だと紹介される場合がありますが、それは誤解です。**「弱い人工知能と強い人工知能」とは、コンピュータを使って人間の心や精神を宿せると考えるか否かを主張する立場を指すものに過ぎません。ややこしい名前を付けてくれたなぁ、と思わなくもありません。**

そもそも私たち日本人は、コンピュータのような計算機械に精神が宿るという哲学論争に興味が持てるでしょうか。

森羅万象に神の発現を認め、八百万の神の考え方を持つ日本において、山にも川にも果てはトイレにおいても神様の存在を認め意識を感じる私たちは、高度に計算処理能力が高いコンピュータに精神が宿ると言われれば「そんなもんかな」と思うでしょう。**この哲学には信仰心が絡むので少し厄介だと私は考えています。**

違う表現をするなら、私は2002年にノーベル経済学賞を受賞した行動経済学者のダニエル・カーネマンが提唱した「ファスト思考」「スロー思考」を取り上げます。「ファスト思考」は直感的、「スロー思考」は注意深く論理的だと表現されています。

私は少し見方を変えて**「ファスト思考」とはすでに答えがわかっていて即答できる状態、「スロー思考」とは立ち止まって答えを創造しなければならない状態**だと捉えています。

人間はこの2つの思考を持ち合わせていて、なるべく「スロー思考」を使いたくないがために、時に論理的ではない行動に出てしまうのです。

九九のような簡単な計算は「ファスト思考」で答えられますが、それ以外に好きな芸能人、嫌いな食べ物などもすでに答えがわかっていますから答えられます。いや、答えが決まっていると言ってもいいのではないでしょうか。

一方で、これからの時代をどう生きるべきか、もし子供が生まれたらどのように教育すべきかについては誰もが最初から明確な答えがあるわけではないので、時間をかけて考えて自分なりの答えを創造しなければならないでしょう。

これと同じことが人工知能に言えないでしょうか。計算処理能力だけは高い人工知能は、データさえ投入すれば人間が思い浮かばなかった事象を発見できます。データさえあれば、そのデータの範囲内であれば答えられます。極めてファスト思考の範囲が広いとも言えるでしょう。

しかし、創造力は劇的に弱い。データにないことは創造できません。人間からすれば、そんなにデータが揃っているならちょっと考えればわかるだろ、とツッコミたくなるような内容であったとしても創造できません。

コナン・ドイルは「白銀号事件」という有名なシャーロック・ホームズ・シリーズの小説を書き上げました。詳細は小説を読んでいただきたいのですが、この小説の鍵は「番犬に何も起きなかった」という事実が鍵を握ります。言い換えると、データに現れなかった事態を問題視する鋭い推理力が遺憾なく発揮されます。

一方でデータにないものを「それこそ変だ」と閃く人工知能は、今のところは存在しないと考えていいでしょう。人間と人工知能は、異なる思考力を持っていると言ってもいいのです。

知能を持つ人工知能、知性を持たない人工知能。こう考えると、昨今の人工知能に対する批判や危惧の多くは知性に対してだとわかります。未だ存在しないし、存在する見通しのないものに対して、ここまで危機感を煽るのはなぜでしょうか。

まとめ

人工知能とは○○だ、という共通認識はほとんどないと言えます。1つの考え方として、すでに決まった正解を探す能力が「知能」、まだ正解らしい正解が決まっていなくて実際に行動を起こさないとわからない案を考える能力が「知性」だと考えてみましょう。そこで、「答えのある問いに対し、答えを見いだすことを目的に、人が作り出したシステム」だと定義します。

第1章
人工知能が「働き方」に与える影響

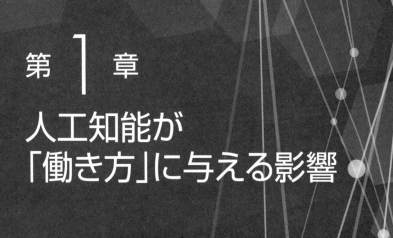

人工知能に仕事を奪われて、私たちの仕事がなくなってしまうのか？

日本における第3次人工知能ブームが始まったのは2013年ごろからだと言われています。

ブームのキッカケの1つは、この年の9月に発表されたマイケル・A・オズボーン博士の「THE FUTURE OF EMPLOYMENT（雇用の未来）」という論文だと私は思っています。**10年～20年後になくなる職業について分析した論文といえば、覚えのある方もいるのではないでしょうか。**

この論文には「米国労働省が定めた702の職業において、自動化される可能性が高い仕事は47％である」という衝撃的な結果がまとめられています。その中には自動化は無理そうに見えるバーテンダーも含まれており、「なぜ自動化可能なのか？」と誰もが疑問を口にしました。

オズボーン博士は2015年に野村総合研究所と共同開発を行い、先の論文で使われたのと同じ統計手法を使って、日本に当てはめた研究を行っています。

その結果、労働政策研究・研修機構が定めた601の職業において、日本の労働人口の約49％が、10年〜20年後には人工知能やロボットなどにより代替できるようになる可能性が高いと発表されました。

なぜ自動化が可能なのか。**その答えとして「人工知能が組み込まれているから」「人工知能は私たちの仕事を奪う脅威だ」という誤解が一気に広まりました。**

人工知能は人間を上回るほど「賢い」のか？

人間の仕事を奪うほど、人工知能は賢いのでしょうか。

たとえばAlphaGoは世界最強の棋士である柯潔《カケツ》に勝利しました。この結果から「人工知能は人間を上回る賢さだ」と断言できるのでしょうか。

答えは「いいえ」です。

AlphaGoが世界最強の棋士に勝利した出来事は、限られた領域の特定の能力に限って人工知能が人間を上回ったからに過ぎません。AlphaGoが柯潔とリフティング対決をしたら、間違いなく柯潔が勝利するでしょう。

つまり、正確に表現するなら「人工知能は囲碁という限られた領域で人間を上回る

賢さだ」と言うべきです。

序章で「ドラえもんのような万能な人工知能が生まれるまでには、2段階のカベがある」と紹介しました。まさに囲碁の領域では第1段階が完成していると言えばいいでしょう。

ただし、第1段階で作らないといけない人工知能がどれほどあるのかは正直なところ誰もわかりません。数千か、それとも数十万なのか…。それを統合するとなると膨大な時間がかかると思います。いや、おそらく今世紀中には無理でしょう。

もっともドラえもんは22世紀から訪問しています。今から100年後なら、第2段階の人工知能が誕生していないという可能性を否定する根拠もないですし、誕生している可能性もあるかなぁ…という非常にややこしい理屈をつけて、「ドラえもんが誕生するころには、同じような人工知能が登場しているかもしれない」と言えるかもしれません。

要は屁理屈です。屁理屈でも言わないと「人工知能は人間を上回る賢さ」とは、とても言えないのです。

そもそも周囲を見渡せば、人間を上回る処理能力を持ったコンピュータがすでに存在しています。そろばんで大量の計算を短時間で行うことには限界がありますし、文書翻訳は辞書のみでは膨大な時間が必要です。人間を上回る人工知能はすでに存在し、私たちはそれらを「道具」としてうまく活用しながら暮らしていると言えるでしょう。

AlphaGoを開発したDeepMindのデミス・ハサビスCEOは**「柯潔が勝とうとAlphaGoが勝とうと、それは人間の勝利である」**と語りました。

まさにこの言葉の通りです。**人間は「○○領域に特化した人工知能」と名付けられた、新たな道具を手にしたにすぎないと私は感じています。**

「仕事」が奪われると、なぜ私たちは困るのか?

私たちが「人工知能」を恐れる理由の1つは、あらゆる自動化によって、仕事に人間を必要としなくなる状況が考えられるからでしょう。私たちは「仕事をする」という労働力の対価として、賃金をもらいます。仕事がなくなるということは、労働力を提供する先がなくなりますから、その対価としての賃金も発生しません。

「仕事を失えば私たちはどうやって暮らせばいいの?」という疑問に対する答えが

ないために、人工知能が私たちの仕事を奪う脅威に見えるのではないでしょうか。

実際、1780年～1810年代にかけて、産業革命に伴う機械化に対して、「私たちの仕事がなくなる！」という理由で機械破壊運動が起きました。

特に1810年に起きたラッダイト運動は、生活苦や失業の理由を、機械のせいにした大規模な暴動として知られています。それまで手作業で織物を製造していた工員は、人手もかからず今までの数倍の生産を誇る機械に対して、憎しみを感じたわけです。「こいつさえいなくなれば！」とハンマーなどを用いて人間の存在を脅かす機械を破壊する運動が相次ぎました。

結果、政府は機械破壊を死罪とする法律まで制定して運動を抑圧する騒ぎとなりました。

しかし、人類の歴史上、これまでなくならなかった職業などごくまれです。鉄道改札員は自動改札機に代わり、港湾労働者はコンテナに代わり、織物手工業は自動織り機に代わりました。機械の誕生により、人が就く職業自体がなくなった例を挙げればきりがありません。機械化で生産性が大幅に向上したのも事実でしょう。

人間は約200万年前の「石器」という道具の誕生以来、イノベーションとカイゼンが繰り返されるたび、職業はなくなるか、人手が大幅に不要になるか、そういう歴史を繰り返してきたのです。

では、彼らが完全に失業してしまったかというと、そうではありません。同時に、新たな仕事とそれを網羅する職業が誕生しました。

図2のグラフを見てください。これは総務省統計局が毎月公表している労働力調査の結果で、1953年から2010年までの職業別就業者数を表しています。最新のデータはありませんが、これは2009年に職能の改定が行われて比較ができなくなったことが理由です。

●図2　職業別就業者数

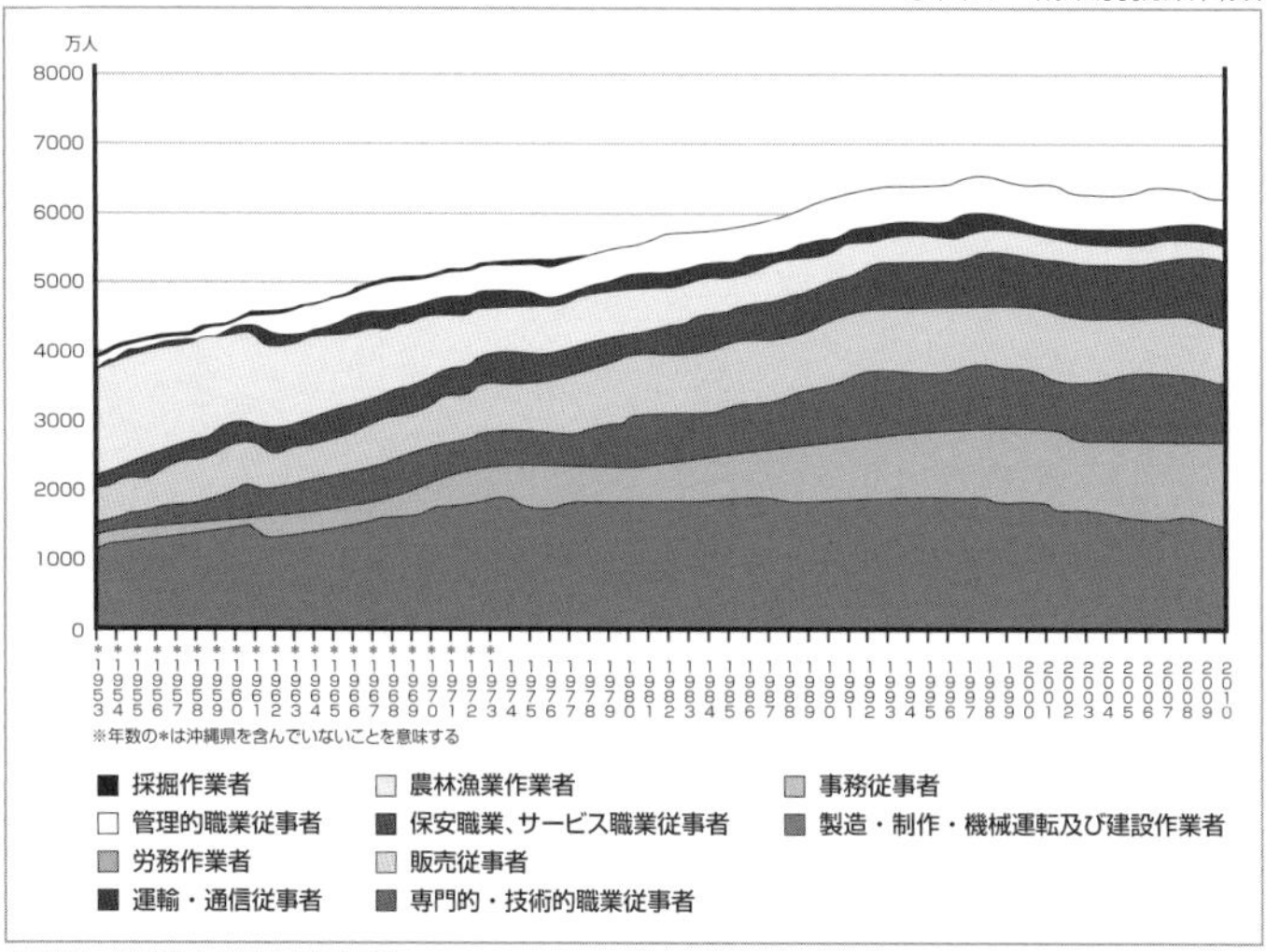

※出典：「労働力調査」（総務省）

グラフからは「農林漁業関係者」は1961年ごろから大幅に減少したこと、そして「製造・制作・機械運転及び建設作業者」は1998年ごろから緩やかな減少を続けていることがわかります。一方で「専門的・技術的職業従事者」や「保安職業、サービス職業従事者」は増加を続けています。

ちなみにラッダイト運動においても、ナポレオン戦争後の景気回復によって雇用が良くなり自然と収束したと見られています。

つまり、20年から30年のスパンで考えてみれば、多少の歪みは起きたとして、歴史的に異なる産業間（職業間）の労働移動は少なからずあったわけで、**「仕事を奪われたくないから人工知能には反対だ」と考えるよりも、「人工知能という武器を身に付けて仕事に就く」と考える方が自然な流れだと思います。**

学校教師の人工知能は「イジメ」を解決できるか？

「人工知能という武器を身に付ける」とは、人工知能ができることは人工知能に任せ、人間は人間にしかできないことに集中する。その区分ができる能力を身に付けることだと私は思っています。

ここで1つの例をあげます。

昨今、Edtechに代表されるように、教育現場におけるＩＴ化が進んでいます。人工知能の発達が進めば、さらに教育の自動化が進むかもしれません。今後、学校の先生の負担が減っていく可能性もあります。

それでは、学校の先生という職業はなくなるでしょうか。

私の知り合いの小学校教師に質問してみたところ、彼は「では、人工知能は学校で起きたイジメを解決できるのか？」と逆に質問されました。

私自身、高校2年生でイジメに遭って不登校になった経験があります。その経験から考えると、現状では「人工知能での代替が非常に難しい」と感じました。イジメの問題には、被害者がいて、加害者がいて、傍観者がいて、関係のない第三者がいます。そして多くの場合、加害者と傍観者の区別が非常に難しいことが、問題を複雑にしています。

この子はイジメられている可能性がある、この子はイジメに加担している可能性があるといった示唆や、可能性の提示までならばできるかもしれません。ですが、人間ですら事態の把握が難しい問題を、人工知能が果たして解決できるでしょうか。

ましてや、人の心に関する問題です。決まった解決策があるとも思えません。**それこそ最初に説明した「答えのない問いに対して考え続ける知性」が問われるでしょう。**

これから人工知能が普及するにつれて、答えが決まっていない問題、特に「人によって答えの違う問題」を解決したり調整したりすることが人間に任される仕事になると考えます。たとえば決まった物を生産するのは人工知能の仕事になり、何を作らなければいけないのか創造するのは人間の仕事になるでしょう。

つまり、何かを創造する「答えのない問いに対して考え続ける」仕事こそが人間の仕事として残り続けるのではないでしょうか。

すべての領域において人間を上回るような人工知能は、今世紀中に登場しそうもありません。ましてや人間ができないことを実現する人工知能は、２０２０年にも実現していないでしょう。「仕事」という面においては、人工知能は労働力という負担を減らす自動化の道具だと定義できそうです。

ちなみに、オズボーン博士の論文から3年後、ヨーロッパ経済研究センターのアルツ氏は、論文で使われた統計手法を見直した結果、**自動化される可能性が高い仕事はOECD諸国全体で9％程度だと発表しました。**それでも過大評価している可能性があると論文は主張します。

論文の中では、教育水準や所得水準が低い労働者の仕事は自動化リスクが高く、技術革新による失業よりも、むしろ潜在的な格差拡大や職業訓練に注意を向ける必要性を指摘しています。

どちらが正解なのかは現時点ではわかりません。ただ、人工知能は私たちの仕事を奪う脅威だという喧騒は何だったのか、いつまでオズボーン博士の論文を持ち出して「仕事がなくなる！」と騒いでいるのか、少し馬鹿らしい気分もします。

まとめ

人類の歴史上、技術革新の影響を受けて、いくつもの職業がなくなりました。「仕事を奪われたくないから人工知能には反対だ」と考えるよりも、「人工知能という武器を身に付けて仕事に就く」と考える方が自然な流れでしょう。何かを創造する「答えのない問いに対して考え続ける」仕事こそが、人間の仕事として残り続けると思われます。

人工知能は私たちの仕事を楽にしてくれる自動化の道具なのか？

人工知能と人間、両者の違いの1つは「疲労の差」だと言われています。

人間の場合、肉体労働でも頭脳労働でも、作業を続けているとだんだんと心も身体も疲れてきます。集中力も下がり、判断ミスが起きやすくなります。

一方で人工知能の場合、疲れるという概念がないので、長時間に渡って同じ量のアウトプットを供給し続けられます。マシンのオーバーワークで故障する可能性もありますが、基本的には疲れないのが人工知能の特徴です。

たとえば将棋などが良い例です。何十手先の手順を何時間もかけて考えるのですから、頭脳の疲労はとてつもないと言われています。しかし人工知能はいくら考えても疲れませんから、対局が長時間になるほど人工知能が有利になるのは当然かもしれません。

そのためか、「人工知能は21世紀における自動化の道具だから、簡単な仕事は人工知能に任せて生産性の向上を図り、人間にしかできない仕事に専念すべきだ」と主張する方もいます。私もこれからは「人間にしかできない仕事」に着目すべきだと思いますが、一方で、人工知能を単純に「自動化の道具」と見なしてよいのでしょうか。

何を、どのように自動化するのかについて、人工知能は私たちの想像力をはるかに超える成果をあげています。単純な肉体労働以外に、自動翻訳、判例検索、特定疾患の診察支援など頭脳労働も自動化が始まっています。

しかも自動化は後世にスキルが継承されないため、1度やってしまうと後戻りできません。工程がブラックボックス化されていて、何をやっているのか、なぜやっているのかわからなくなるのです。読者の職場にも、なぜそんな自動化されているかわからない仕事が1つや2つはあるはずです。

単純作業ならともかく、今まで人間が言語化できなかった勘や経験を大量のデータによって説明できるようになったおかげで、複雑な仕組みの自動化すら人工知能に任せられるようになりました。しかしこれは人間にとって大きな脅威とも言えます。

この状態が進めば、人間の機械に対する優位性が失われているのではないでしょうか。

人工知能はあらゆる産業をアップデートする

人工知能のビジネス活用を考える際、Bloomberg BETAのキャピタリストが人工知能領域で事業を行っている企業をまとめた図「The Current State of Machine Intelligence」は必見です。現在はVer.3.0が公開されています。

ディープラーニングによるブレイクスルーで第3次人工知能ブームが起こり、米国では人工知能領域のスタートアップ企業は増加の一途にあります。次回のVer.4.0では、1枚の図にまとめるのは難しいか

●図3　The current state of machine intelligence 3.0

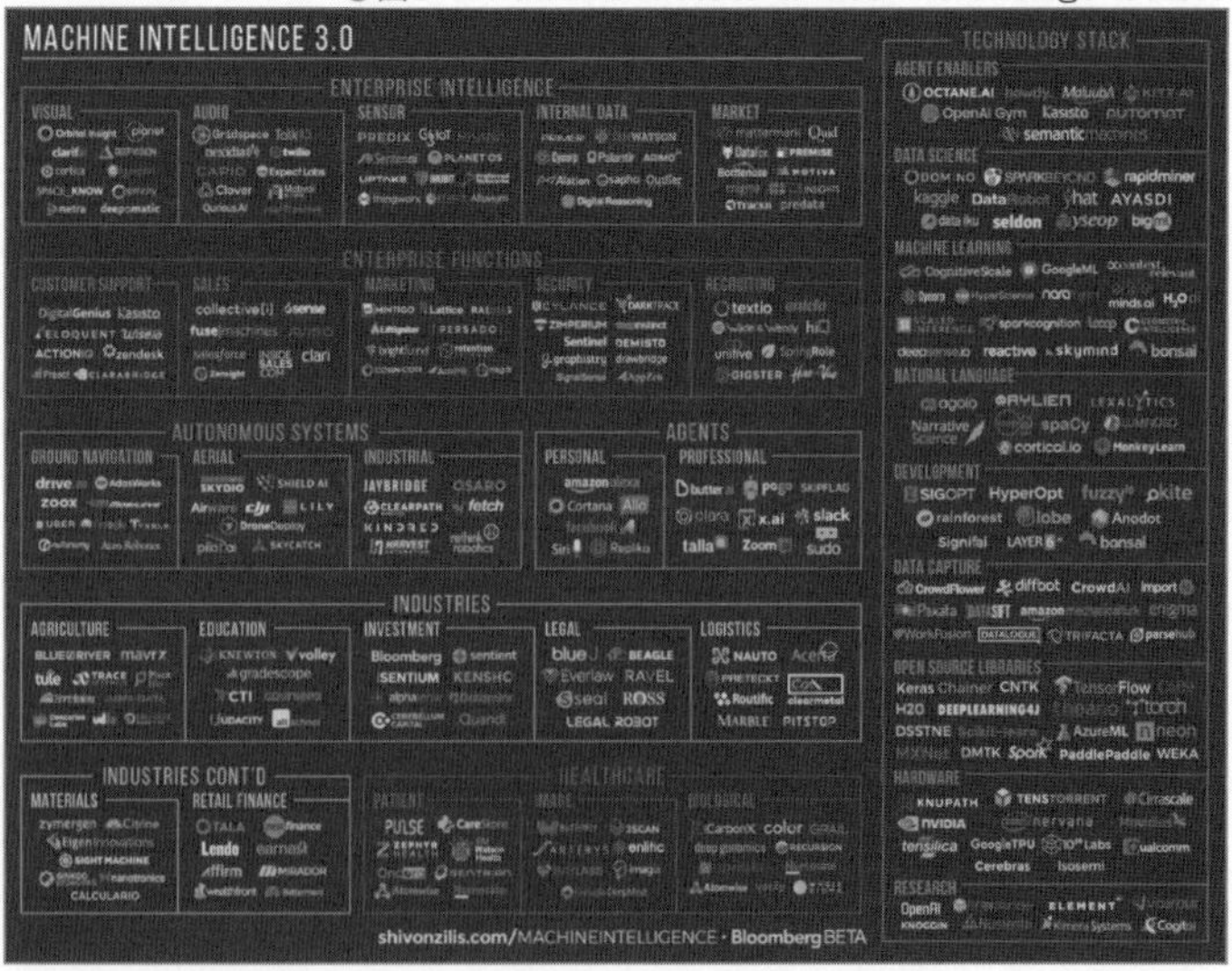

※出典：O'Reilly Media

もしれません。この図を見てみると、右側を占める開発環境やインフラ基盤を指す〝テクノロジスタック〟は別として、左側は既存産業で活躍する企業が多くを占めているのがわかります。

つまり「人工知能業界」というような特定の業種があるわけではなく、関連する手法を用いて、既存産業で変革が起きていると言えます。**人工知能単体で何らかのビジネスが成立するというより、顧客に高い付加価値を提供するための手法の1つが人工知能だと考えるべきでしょう。**

したがって、「人工知能は自動化の道具」という言葉は誤解を招く表現だと言えます。自動化というのは、顧客に与える付加価値の1つに過ぎません。**本質的には「人工知能は高い付加価値を提供するための道具」だと言えます。**

私も、人工知能とインサイトの発見（新製品開発を基軸としたマーケティング）を交差させた研究開発に従事していますが、自動化よりも人工知能を使った今までにない付加価値を生み出すように心掛けています。

自動化は1つの側面でしかありません。

人工知能で、産業構造や就業構造が劇的に変わる可能性

介在する度合いは異なりますが、人工知能はあらゆる産業に導入できると言っても過言ではありません。人工知能に任せる割合が高ければ、「仕事を奪われてしまう」だけです。読者の皆さんが勤めている業種も例外ではないでしょう。

「人工知能は高い付加価値を提供するための道具」「人工知能という武器を身に付けて仕事に就く」と紹介しましたが、この道具・武器を、なるべく早く使いこなせるよう挑戦した方がいいと私は考えています。

なぜなら、日本政府はＩｏＴやビッグデータ、人工知能、ロボットの登場を第４次産業革命と題して、**「これまで実現不可能と思われていた社会の実現が可能になり、産業構造や就業構造が劇的に変わる可能性がある」**として警鐘を鳴らしています。

たとえば狩猟から農耕へ、農耕手工業から機械工業へ、石炭から石油へ、生活スタイルや産業構造が大きく変わるぐらいの大変革をイメージすればよいでしょう。

中でも、２０１７年5月30日に経産省が発表した「新産業構造ビジョン」では、第４次産業革命を見据えた、産業界の羅針盤として注目を集めました。

「新産業構造ビジョン」では、世界規模で発生している第４次産業革命に対応でき

なかった場合のシミュレーション結果を発表しています（図4参照）。シミュレーションでは、人の仕事を「人工知能を作る仕事」「人工知能と共労する仕事（低代替確率仕事）」「人工知能に代替される仕事（高代替確率仕事）」の3つに分類した上で、次のような将来像を描いています。

●日本が人工知能のグローバル市場になれなければ、人工知能を作る頭脳が海外に流出してしまう

◉図4　第4次産業革命に対応できなかった場合のシミュレーション結果

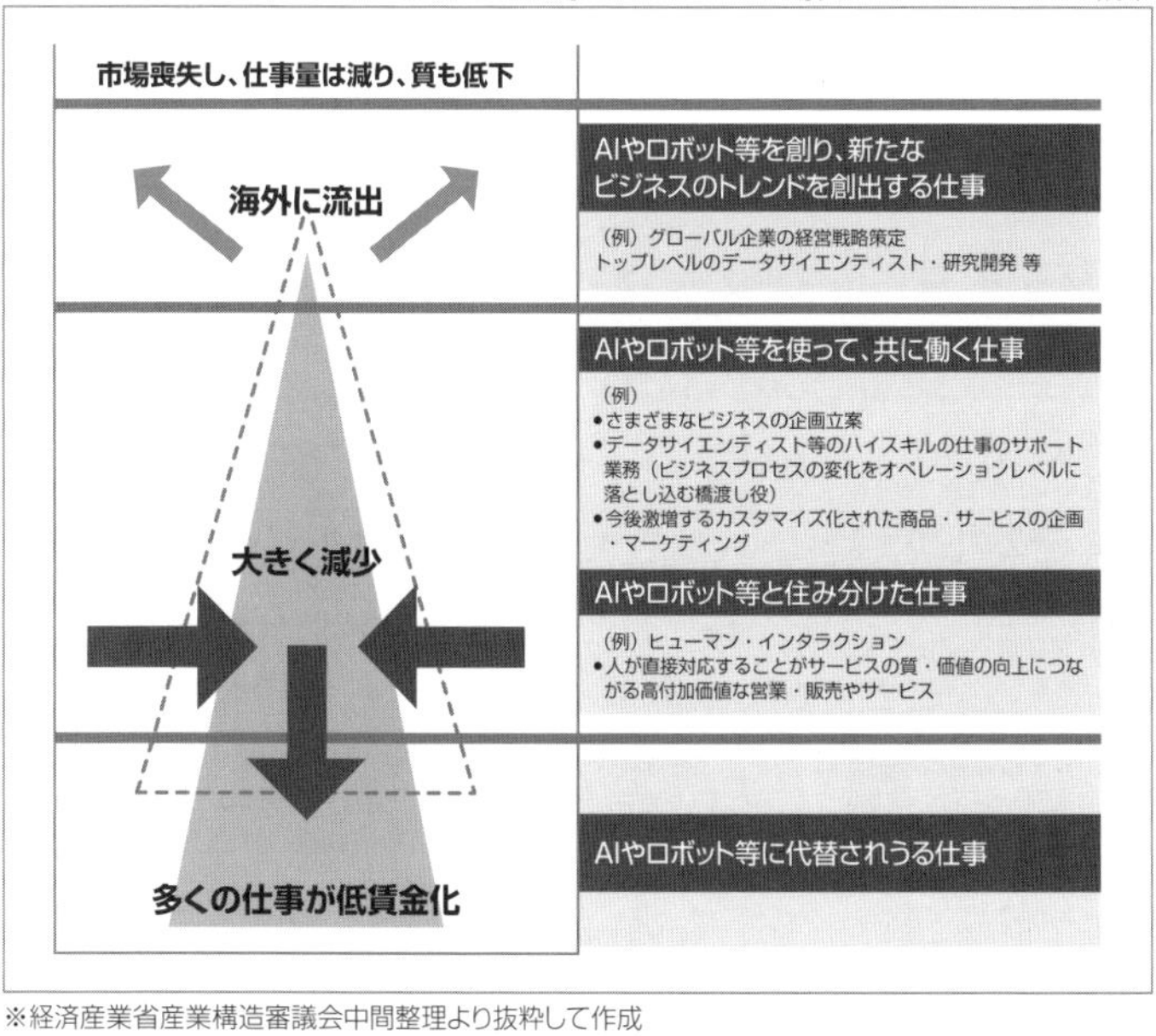

※経済産業省産業構造審議会中間整理より抜粋して作成

●人工知能を作れない日本は、仕事の人工知能化をアウトソースに依存し、新たな仕事を作れなくなる
●雇用が先細り、人工知能で済む仕事を人間が代わりに行う（人工知能の値段の方が高い）

人工知能によって生産性が向上した場合、需要が一定だと仮定すると、供給側の労働者数が減らざるをえません。すると、生活に余裕を持つ世帯数が減り、需要が減少し始めます。あとは〝負のスパイラル〟です。

そんな事態を防ぐため、新たな需要を創造し、仕事を作る「変革」に挑むべ

◉図5　2030年時点における職業別従業者数の試算結果

職業	変革シナリオにおける姿	職業別従業者数	
		現状放置	変革
上流工程 経営戦略策定担当、 研究開発者 等	経営・商品企画、マーケティング、R&D等、新たなビジネスを担う中核人材が増加。	**－136万人**	＋96万人
製造・調達 製造ラインの工員、 企業の調達管理部門 等	AIやロボットによる代替が進み、変革の成否を問わず減少。	**－262万人**	**－297万人**
営業販売（低代替確率） カスタマイズされた高額な 保険商品の営業担当 等	高度なコンサルティング機能が競争力の源泉となる商品・サービス等の営業販売に係る仕事が増加。	**－62万人**	＋114万人
営業販売（高代替確率） 低額・定型の保険商品の販売員、 スーパーのレジ係 等	AI、ビッグデータによる効率化・自動化が進み、変革に成否を問わず減少。	**－62万人**	**－68万人**
サービス（低代替確率） 高級レストランの接客係、 きめ細やかな介護　等	人が直接対応することが質・価値の向上につながる高付加価値なサービスに係る仕事が増加。	**－6万人**	＋179万人
サービス（高代替確率） 大衆飲食店の店員、 コールセンター 等	AI・ロボットによる効率化・自動化が進み、減少。※現状放置シナリオでは雇用の受け皿になり、微増。	＋23万人	**－51万人**

※出典：経済産業省産業構造審議会中間整理より抜粋して作成。元資料は、株式会社野村総合研究所およびオックスフォード大学（Michael A. Osborne博士、Carl Benedikt Frey博士）の、日本の職業におけるコンピュータ化可能確率に関する共同研究成果を用いて経済産業省が作成

きだ、それは第4次産業革命に関連する仕事である――と新産業構造ビジョンでは強く訴えています。

その変革に挑む場合と、今のまま何もしない場合、どのような雇用の変化が起こるのかについて、2030年時点の雇用者数の試算結果がまとめられています（図5参照）。

人工知能を積極的に取り入れない未来シナリオでは、高代替確率のサービスが、逆に雇用の受け皿として増加すると予測しており、非常に生々しいと言えます。

今、読者の手元にはどんなスキルがあって、社会のニーズとしてどんな仕事がこの先に残るのか、それを考えたときに「人工知能が自動化して早く楽にしてくれないかなぁ」だけで済むのかは疑問が残ります。

人工知能の方が高い付加価値を提供してくれるから、あなたは来月から来なくていいです、そんな通告を下される日は本当に来ないと言えるでしょうか。**そんな日を迎えないために、人工知能が普及する時代を迎えるにあたって、私たちは何の努力もいらないのでしょうか？**

人工知能時代に私たちは「学び続ける姿勢」を保てるか？

２０１７年のダボス会議（世界経済フォーラム）で、インドＩＴ大手インフォシスのビシャル・シッカ元ＣＥＯが**「人工知能全盛の時代における人間の競争力は創造性になる」**と発言して話題を集めました。

序章で紹介したマイケル・A・オズボーン博士の「THE FUTURE OF EMPLOYMENT」という論文の中でも、人工知能の時代では「creativity」が重要だと述べています。

しかし、そんな簡単に人間は「創造（Create）」ができるでしょうか。

新しいものを生み出すためには、古典（歴史）を理解した上で、流行を追い続けながら、何をまだ創れていないかを考える必要があります。中でも「流行を追い続ける」のが難しい。なぜなら、私たちが学んだ内容は陳腐化していくからです。

しかも、そのスピードはＩＴの発展に伴って劇的に早くなっています。物事を創造するために、われわれは常に学び続けなければならないのでしょう。

人工知能を「付加価値を高めて私たちの労働生産性を向上するための道具」だと考えてみましょう。２００万年前の石器、50万年前の火、２０００年前の紙、５５０年前の印刷機、60年前のコンピュータ、25年前のインターネット……。人工知能もこれらに連なる歴史の1つだと考えれば、**本当に重要なのは、そうした道具が登場したときに使いこなせるよう、何歳になっても学び続けることができる姿勢だと思います。**

人工知能時代に人間に必要なのは〝deep learning〟ではなく〝keep learning〟なのかもしれません。道具が進化するにつれて、習得にかかる時間は増える一方です。昔学んだ内容が役に立つとも限りません。現代経営学の発明者と呼ばれる、ピーター・F・ドラッカーも次のように述べています。

> 特に知識社会においては、継続学習の方法を身に付けておかなければならない。内容そのものよりも継続学習の能力や意欲のほうが大切である。ポスト資本主義社会では、継続学習が欠かせない。学習の習慣が不可欠である。
>
> （ポスト資本主義社会 P.255）

恐らくドラッカーが言いたいのは、創造性の発揮も重要だけど、創造性を発揮できるための努力がもっと重要であるということでしょう。**人工知能によって知識が次々と陳腐化していく今、もはや「大学を卒業すれば〝勉強〟は終わり」という時代ではないのです。**

まとめ

人工知能の本質は「高い付加価値を提供するための道具」です。これまで実現不可能と思われていた社会の到達も予想され、産業構造や就業構造が劇的に変わる可能性も秘めています。私たちは人工知能以上に高い付加価値を提供できるスキルがあるでしょうか。人工知能を使いこなせるよう、何歳になっても学び続けることができる姿勢が大切です。〝deep learning〟よりも〝keep learning〟の精神を忘れずに持っていましょう。

第2章
人工知能が「ビジネス」に与える影響

人工知能は高度な技術で私たちには使いこなせないのか？

人工知能が浸透するにつれ、業種を問わず多くの企業から「人工知能を導入して○○をしました」というプレスリリースが相次いでいます。こうした状況から、トップダウンで「弊社も人工知能で何かできないのか？」という指令が下る企業も少なくないようです。

とはいえ、そんな指令を受けた現場は大変です。「人工知能はかなり高度な技術で、何の訓練も受けていない私たちでは作れない。大学の研究室に依頼するか、高年収で人を雇うしかない……」と、そんな話を聞きます。

もちろん、そのような資金とブランド力を兼ね備えた企業はごく少数ですから、結果的に他企業との差は開くばかりだ、と嘆いている中小企業の社長が多くいます。

その結果、本気で人工知能に取り組み成果をあげている企業、とりあえずやっていますというポーズだけ見せて成果をあげられない企業、何をやればいいのかもわからない企業、およそこの3分類に分かれるようになりました。

このまま人工知能は高度な技術だから私たちでは無理だと頭を抱える企業は、どんどん先を行く企業に遅れをとり続けるのでしょうか。しかし、それは大きな誤解です。**そもそもビジネスの現場で活用する人工知能に、高度な技術が必要なのでしょうか。**

人間知能は、ビジネスにおける課題を解決するための単なる手段に過ぎません。必要なのは高度な技術ではなく、課題を解決する技術でしょう。すべての人工知能を「高度」と決め付け遠ざけている限り、先を行く企業に遅れを取るばかりです。

「人工知能で何か新しいことができそう」という誤解

ビジネスの現場では、人工知能がどれだけ活用されているのでしょうか。総務省が刊行した「平成28年版情報通信白書」の一節で具体例が挙がっているのでご紹介します。

職場への人工知能（ＡＩ）導入の有無および計画状況について、日米それぞれにアンケートを実施したところ、図6のような結果になっています。

日本で、人工知能の導入に取り組んでいる企業（検討段階含む）が10・6％であるのに対して、米国では30・1％と約3倍の開きがあります。日本では「人工知能？　なんかスゴいらしいねぇ」と捉えている人が多いのが現状だと思われます。

では、導入に取り組み始めている人たちの職場では、人工知能にどのような役割を期待しているのでしょうか。図7の結果をご覧ください。

労働力の補完や生産性向上など、日米で差が出た項目は複数ありますが、私が注目したのは、「これまでに存在しなかった新しい価値をもった業務を創出する」という項目で日本が比較的高い点です。**「人工知**

◉図6　職場への人工知能(AI)導入の有無および計画状況

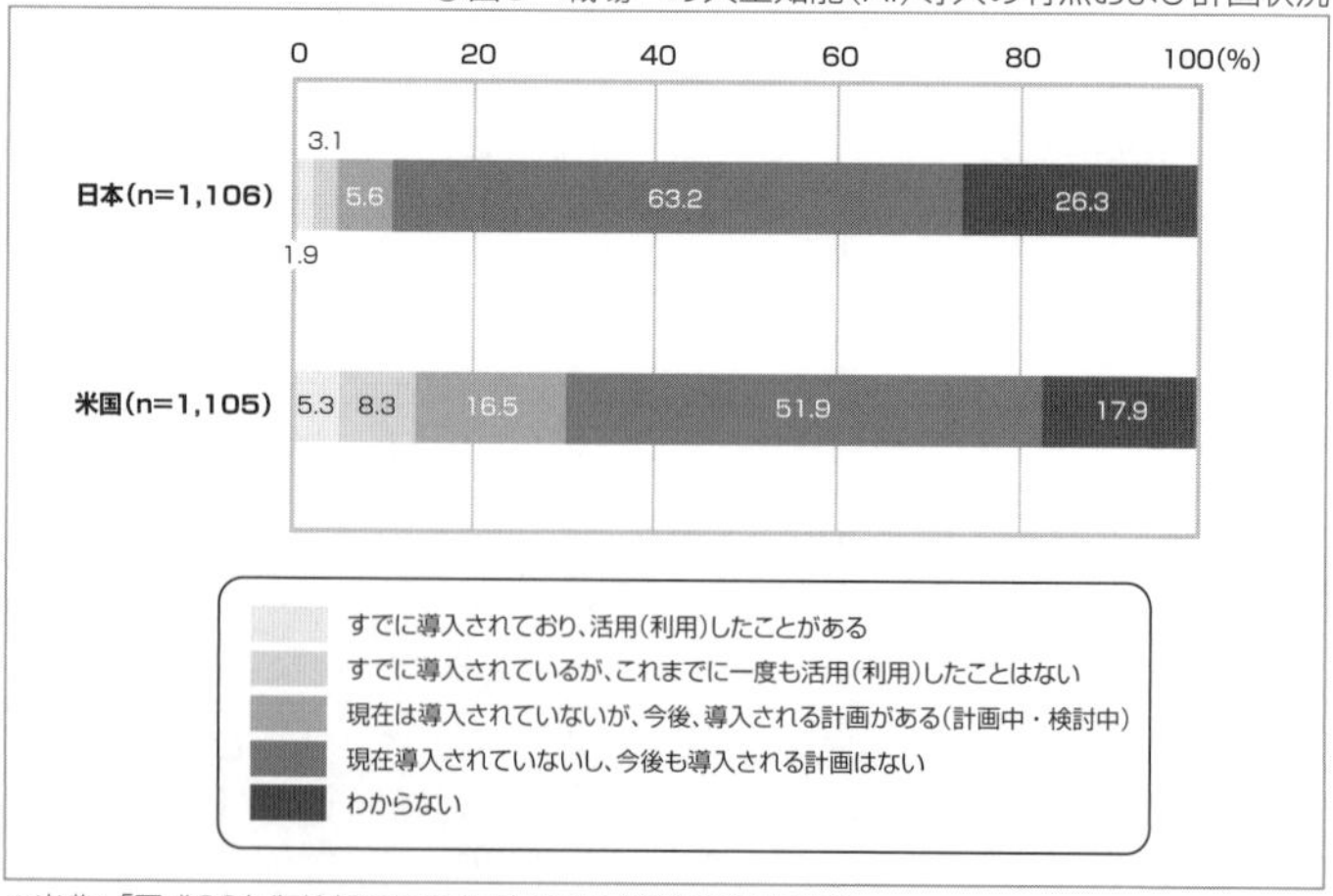

※出典：「平成28年版情報通信白書」第1部第4章第3節より抜粋

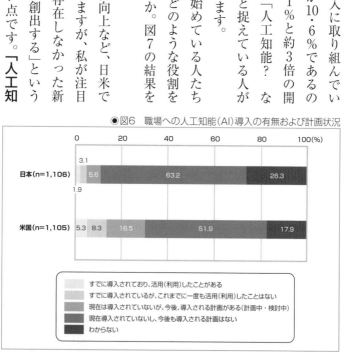

能で一山当てたい」という、企業のもくろみのようなものを感じます。

人工知能とは何かがよくわからないから、何ができるのかもわからない。だからこそ、数々の制約や特有の問題にまで考えが及ばず、「何か新しいことができそう！」という夢を抱くビジネスマンが多くいるのではないでしょうか。

このまま、一昔前のビッグデータのような、言葉先行で「よくわからないけど何かスゴそう」というハリウッド映画の予告のようなセールストークで、顧客に期待させるだけ期待させてガッカリした黒歴史が、人

◉図7 人工知能（AI）が果たす役割・機能

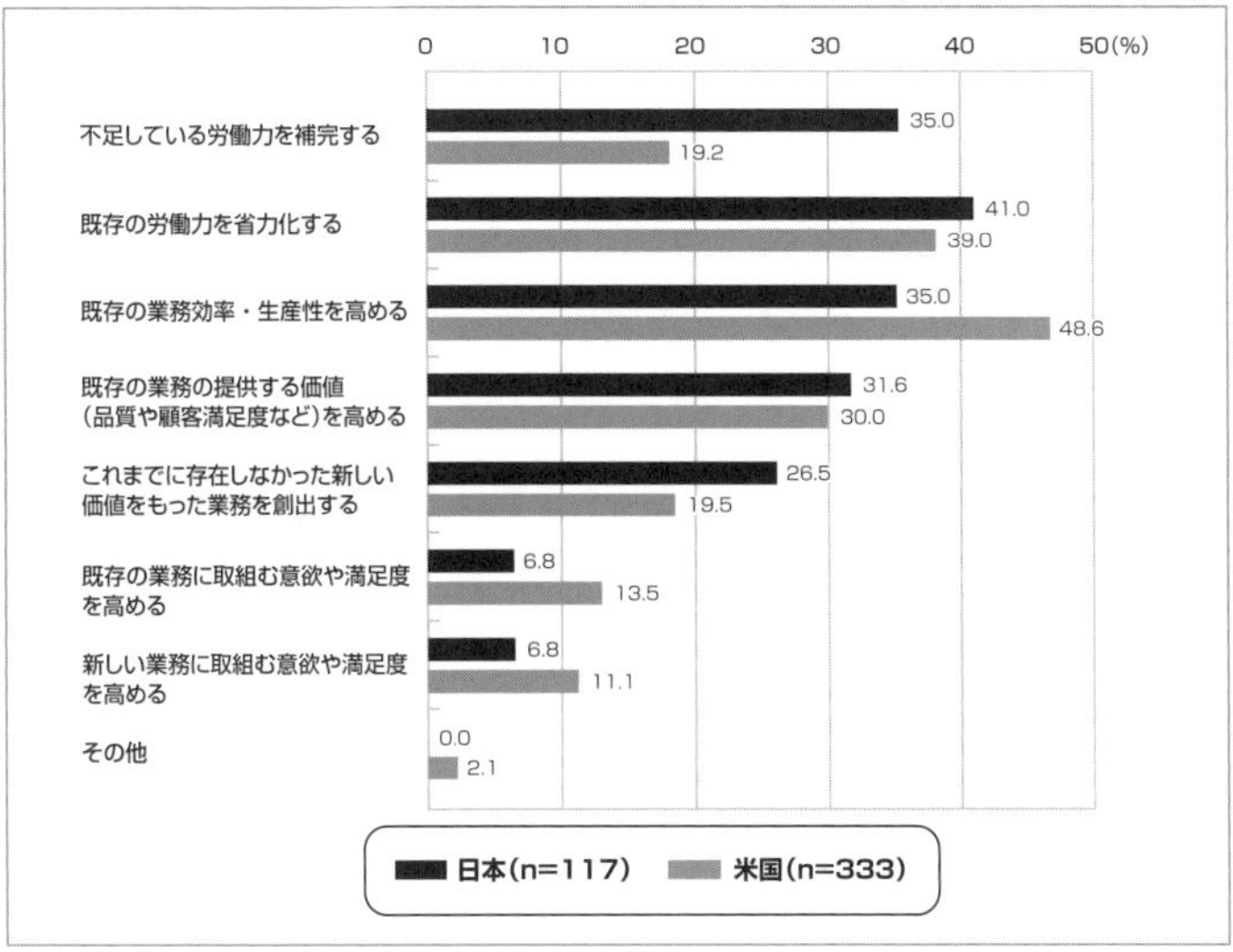

※出典：「平成28年版情報通信白書」第1部第4章第3節より抜粋

工知能という舞台でも繰り返されてしまうのでしょうか。

先端研究の人工知能だけでビジネス課題が解決できるとは限らない

黒歴史が繰り返される背景の1つに、先端研究事例として紹介される人工知能の説明が難し過ぎて、ビジネスサイドの人間に活用イメージが思い付かないという問題があると私は思います。

たとえば、2階建ての一軒家を思い浮かべてみてください。研究を1階、ビジネスを2階として考えると、1階部分がガッツリ数理系であるため取っつきにくく、応用するイメージも浮かばないため、結局、抽象的な議論に終始してしまうと考えればよいでしょう。**1階部分がない議論ですから、まさに地に足がついていないのです。何かスゴそう、で終わってしまうのです。**

しかし1階に暮らす研究者たちに「ビジネス向けの用途も考えて！」と言うのは酷な話でしょう。彼らはそれが仕事ではないのですから。

したがって、現段階では1階と2階をつなぐ階段を作る人が求められています。

たとえば、1階部分の手段としての人工知能を理解しつつ、2階部分のビジネス上の課題や問題に「それって人工知能のこういう仕組みを活用すれば解決するんじゃないですか？」と提案できる人材はどの企業も求めているでしょう。

もしそのような人材が居たとしても、1階で研究している手法が、そのままビジネス向けに活用できるとは限りません。**研究対象としての人工知能と、ビジネスに活用する人工知能は似て非なるものだからです。人工知能だからといって何でもやれるわけではありません。**解決すべき課題と必要なデータ、そして管理する人間がそろって初めて、実ビジネスに活用できるのであって、研究となるとこの3要素はもう少し曖昧にして進む場合もあります。

私も研究者としてデジタルマーケティングにおける意思決定の自動化に関する研究成果を、統計関連学会連合の1つである日本分類学会で発表した経験を持ちます。その内容をビジネスに適用できるようになるまでには、さらに細かいチューニングが必要でした。

なぜなら、前提となる条件をもう少しきめ細やかにしなければならない、データが不足した状況を加味するなど、実際のビジネスの現場で起こるかもしれないイレギュラー対応が必要だったからです。

つまり、人工知能をビジネスに生かすために必要なのは、高度な技術である必要はまったくないのです。どちらかと言えば、課題への手法の当てはめや、課題にマッチしたデータの取得など細かくも精度の高いチューニング作業の方が必要なのです。

一方で、ビジネスが研究を追い抜く事例があるのも、急発展を遂げる人工知能ならではと言えます。その代表例だと思うのは、２０１６年に米国ラスベガスで披露されたトヨタ自動車の「ぶつからない車」です（図8参照）。

人工知能分野では非常に有名なPreferred Networksとの提携で実現したデモであり、その基礎研究内容はブログでも公開されています。ＤＱＮ（深層強化学習）という技術を使い、

◉図8　2016年CESで披露された人工知能自動運転車のデモ

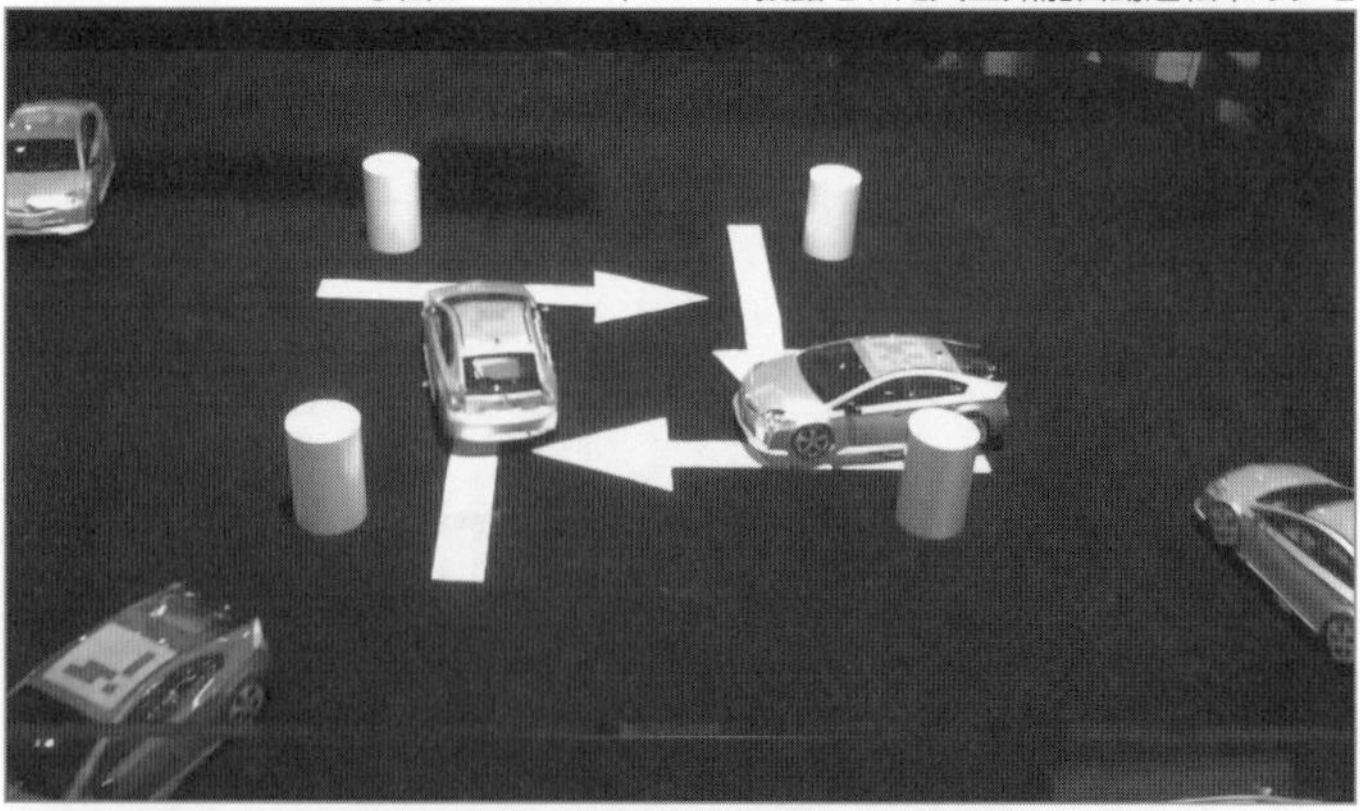

※出典：Autonomous robot car control demonstration in CES2016
(https://www.youtube.com/watch?v=7A9UwxvgcV0)

「ぶつからない」を評価させて、全体が制御されていく過程を記しています。

恐らく「人工知能のビジネス活用事例」としてマスコミ受けをするのはこうしたものでしょう。また、マスコミが報道する「人工知能の成果」を見て「人工知能って難しそう」「私にはできそうにない」と遠ざけてしまう要因の1つでもあるかもしれません。

しかしその背景には、基礎研究とビジネスへの応用、両者を並行して進められる巨大な財力がある点には注意を払うべきです。こんな事例、世界を見回してもそうはありません。

来るべき〝人工知能時代〟に備えて

会社にはさまざまな人が集まっています。人工知能の手法の1つであるディープラーニングが自分にはわからなかったとしても、社員全員がまったくわからないとは限りません。

人工知能やＩｏＴなど、先端ＩＴ人材の市場ニーズと現在の状況を表した「ＩＴ人材の最新動向と将来推計に関する調査結果」には、２０１６年時点で約９万６９００人、うちユーザー企業の現場で６万人が活躍していると記載されています。

特定の企業群だけで6万人を寡占できるわけがなく、実際のところ、自分の知らない部署に研究とビジネスをつなぐことができる人や、研究分野でも活躍できる人がいるのではないでしょうか。使いこなせないのではなく、使いこなせる人材を見落としていないでしょうか。

　一方で他人に任せず、「学び直し」をすることで、自分自身がそういった先端ＩＴ人材になるという選択肢もあります。私自身はこちらをオススメします。**第1章で紹介したように「もはや、大学を卒業すれば〝勉強〟は終わりという時代ではない」からです。**

　人工知能を自ら作るとなると小難しいプログラムを学ぶイメージがありますが、

◉図9　IT人材の最新動向と将来推計に関する調査結果

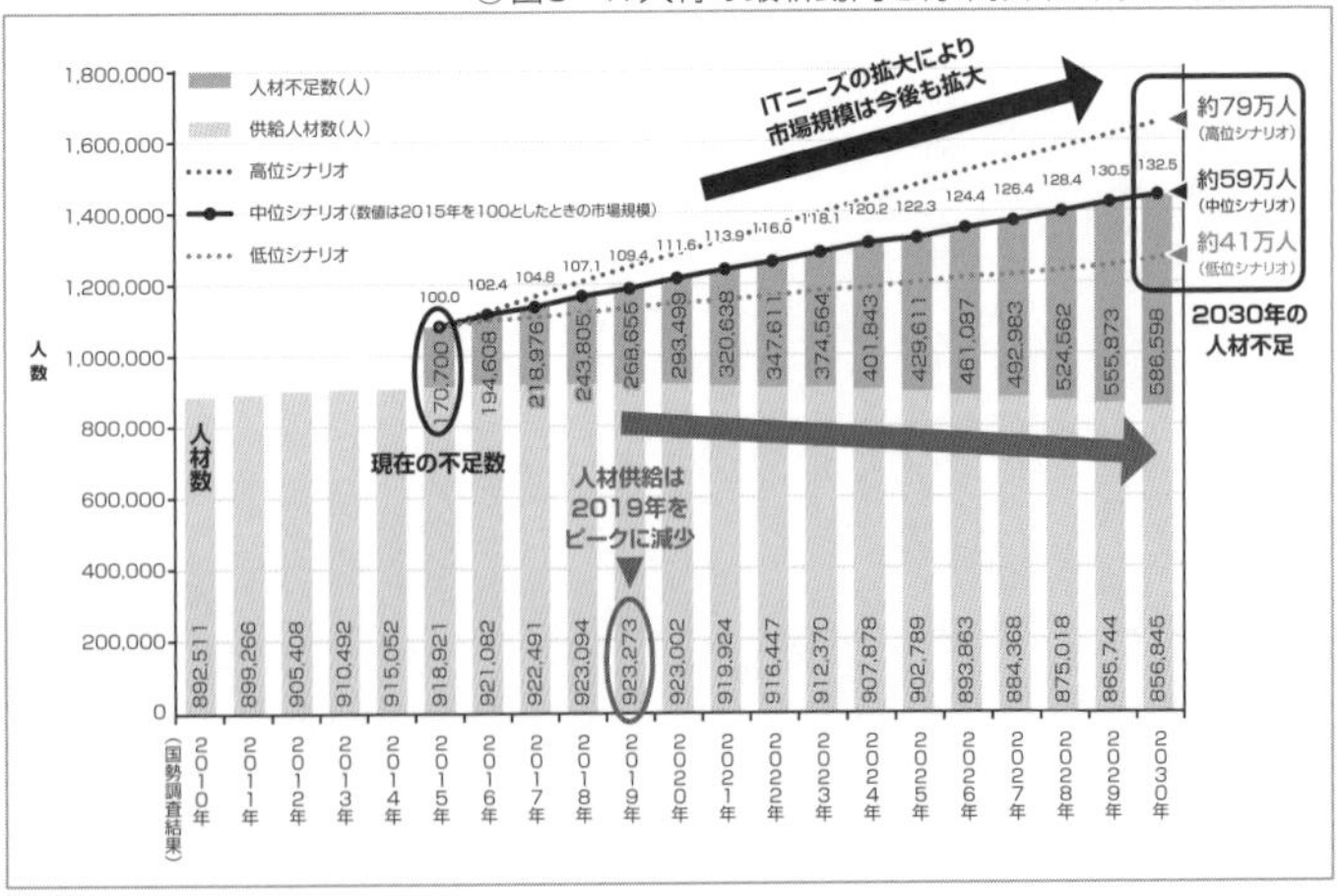

プログラミング言語である「Python」と機械学習ライブラリ「Tensolflow」を使えば1週間で簡単なアプリを作れます。要は勉強するかしないか、です。

ちなみに、人材不足というトレンドは10年、20年と続きます。2030年には、IT人材は約41万～約79万人不足するという試算結果もあります。こっちの方面は、20年は食いっぱぐれる心配はありません（図9参照）。

2017年2月に開催された、経済産業省が主催する産業構造審議会の新産業構造部会第13回では、2030年代に向けて目指すべき国家戦略として**「生涯たゆまない学び直し・スキルのアップデート」**を紹介しています。

その結果を受けてなのか、第3次安倍内閣では「働き方改革」「人づくり革命」の一環として、リカレント教育（いったん社会に出た後の「学び直し」）に力を入れると表明しています。経営者もビジネスマンも、新しい知識を取り入れて、自分自身をアップデートさせるためには「学び直し」が必要になっていくでしょう。

もう勉強は面倒臭い、たくさんだと思っている方も大勢いらっしゃるかもしれません。しかしこれからは、そういう人がビジネスの現場に居辛くなってくると私は思います。

まとめ

ビジネスの現場で必要なのは、高度な技術ではなく課題を解決する技術です。人工知能をビジネスに導入するには、課題への手法の当てはめや、課題にマッチしたデータの取得など、細かくも精度の高いチューニング作業の方が必要です。高度である必要はありません。人工知能に関するすべての技術が難しいわけでもないので、「学び直し」を通じて勉強してみてはいかがでしょうか。

人工知能と呼ばれる1つのシステムを使えればいいだけなのか？

人工知能を理解している人と、まったくわかっていない人を隔てる壁の１つに「人工知能はどこかでインストールできるプログラムだ」という誤解があります。

私自身、「人工知能を使ってみたいんだけど、どこでダウンロードできるの？」と相談された経験が何度もあります。最初は言っている意味がよくわかりませんでしたが、世の中のあらゆる人工知能はどこかでダウンロードできるソフトウェアだと勘違いしていると知って呆然とした記憶があります。

２０１８年現在、ビジネスの現場で「人工知能」という言葉が使われるとき、それが指し示す意味はほぼ「ディープラーニング」と同義です。そのため、Googleの機械学習ライブラリ「TensorFlow」や、Preferred Networksが開発したライブラリ「Chainer」がそうしたプログラムだと言えなくもありません。

しかし、これらは人工知能そのものを作れる汎用的なプログラムとは言えません。

あくまで人工知能が物事を学んだり、判断したりするための基準であるアルゴリズムを作成するプログラムにすぎないのです。そのため、課題や状況に合わせて作り込む必要があります。

ダウンロードしてすぐに使える——まるで電子レンジでチンすれば、すぐに食べられる総菜や冷凍食品のような、誰もが簡単に扱える人工知能の登場はまだまだ先の話でしょう。

このような誤解が生まれる背景には、人工知能の基礎技術である「機械学習」に対する理解が進んでいない点があるかもしれません。

大量データから推論ルールを作る——機械学習を知ろう

機械学習を一言で説明すると「**大量のデータを機械に読み込ませて、特徴を抽出し、分類や判断といった推論のためのルールを機械に作らせようという仕組み**」です。

機械側が作り上げた「推論のためのアルゴリズム」を未知のデータに当てはめれば、「この画像はネコ」「このポテトは不良品」といった判断ができるようになります。

機械学習のアルゴリズムの代表例として、教師あり学習、教師なし学習、強化学習が挙げられます。加えて、ニューラルネットワークの4つを紹介しましょう。

と言っても、簡単に説明するのも難しいので、この4種類の学習方法の考え方を「大阪のおばちゃん」を使って説明していきます。

私の故郷である大阪市には、南北約2・6キロもある日本一長い商店街「天神橋筋商店街」があります。その距離は、東京駅を起点とすると、南に行けば汐留の浜離宮恩賜公園、北に行けば神田川を越えて東京メトロの末広町駅まで届くほどです。

商店街を歩いているとさまざまな人とすれ違います。あくまで体感ですが、10人中3人くらいの確率で、テレビ番組のインタビューなどで見るような「大阪のおばちゃん」とすれ違います。虎柄のTシャツを着ていて、なぜか見知らぬ人にアメをくれる、あの人たちです。

✿学習データと正解例の関係を示す――「教師あり学習」

商店街を歩く100人に街頭インタビューを行うとします。性別、年齢、服装、声色、特徴、アメを所持しているか、第三者目線による大阪のおばちゃんか否かの判定など、インタビューを通じてさまざまなデータを蓄積します。

そして、101人目にインタビューした相手が、第三者目線で見て「大阪のおばちゃん」なのかを判断するゲームに挑戦するとします（図10参照）。

過去100人のデータの傾向から、たとえば「虎柄のTシャツを着て、紫のパーマを当てた、三輪のマチャリに乗る女性」が、第三者目線で見て大阪のおばちゃんだとわかっているとします。この傾向を101人目に当てはめて考えると、当てずっぽうで答えるよりも正答率は高まるでしょう。

このように、過去のデータから正解の傾向を導き出す方法が「教師あり学習」です。各種データとその正誤を組み合わせて、人工知能のルールを決めていきます。

100人分のデータを「正解がわかっている先生からの助言」と見なして、それを基に101人目の答

◉図10　101人目は大阪のおばちゃんか?

えを予想するので、「教師あり」と評されます。

とはいえ、この方法が万能とは限りません。デメリットとして、あくまで過去のデータをもとにしてルールを決めるため、そのルールにまったく当てはまらないような未知のデータが出てきたときは、めっぽう弱いです。あくまで傾向として正解を類推するのが教師あり学習です。

機械的に分けたデータからルールを発見——「教師なし学習」

商店街を歩く100人の街頭インタビューで、「相手に失礼だ」として第三者目線による「大阪のおばちゃんか否か」の判定をしていなかったとします。つまり何だったら正解なのかはわからない状態にあります。しかし、どうしても「大阪のおばちゃん」を見極めたいとします。

このとき、インタビュアーが1人ひとりの特徴を見つけ、グループに分けていくとします。その結果、たとえば「虎に関するTシャツを着ている紫のパーマを当てた人たち」というグループが作られるかもしれません。それは、どう見ても「大阪のおばちゃん」だとわかります（図11参照）。

データから隠された規則性や共通項、構造、特徴を発見する方法が「教師なし学習」です。

「教師あり学習」は〝正解〟を求めるアルゴリズムなのに対して、「教師なし学習」には〝正解〟がないため「教師なし」と称されます。

今回の例で言えば、「このグループが大阪のおばちゃんだ！」という正解はありませんが、グループの規則性を確認して「このグループ、何だか大阪のおばちゃんっぽくない？」と推察を深めていくわけです。

とはいえ、この方法も万能ではありません。デメリットとして、たとえば、紫のパーマを着ている人がすべて「大阪のおばちゃん」とは限らないからです。関西では五色どらやきの人で有名な「茜《あかね》太郎」さんは、紫のパーマがかかっていますが男性です。

◉図11　100人の特徴を分類すれば見えてくる規則性

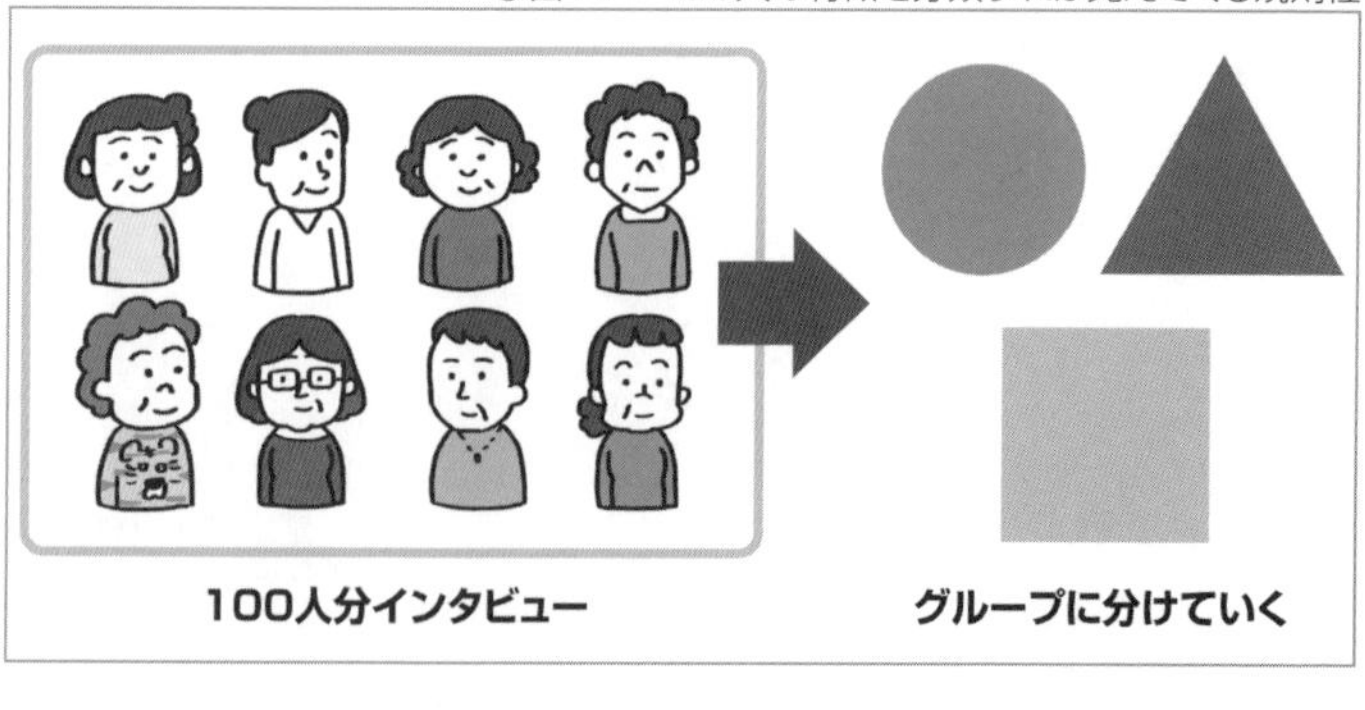

推論結果に報酬を与えてルールを作らせる――「強化学習」

「強化学習」は、これまで挙げた「教師あり学習」「教師なし学習」とは少々異なります。

商店街を歩く100人の街頭インタビューそれ自体が1つのゲームだとします。このとき、大阪のおばちゃんからアメをもらえれば「1点」という報酬があるとします。インタビュー中に、大阪のおばちゃんを「おきれいですね」と褒めると「うれしいわぁ。アメちゃんあげる」と偶然にもアメをもらいました（図12参照）。

この経験から「大阪のおばちゃんは、褒めるとアメをくれるらしい」と学習して、行動を修正していき、状況に最適なルールを作成する方法が「強化学習」です。

◉図12　行動と経験から最適解を導き出す強化学習

「特定の環境が設定され、その中でどう行動すればいいかを考える」という点で、先ほどの2つと大きく傾向が違います。用意されたデータがなくても、自動的にルールを作っていく過程そのものが強化学習だと言えます。

ただし、すべての「大阪のおばちゃん」がアメを持っているわけでもなく、またきれいと褒めても「私にそんなお世辞は通用せん！」と怒られる場合もあります。したがって、前提条件などの状況が揺るがないこと、再現性が極めて高い報酬という2つの条件が両立する環境でなくては使えないと言われています。

昨今は、強化学習と深層学習を組み合わせた「深層強化学習（DQN：Deep Q Network）」が大きなブレイクスルーを起こしています。Googleの子会社であるDeepMindが公開した、人工知能に「ブロック崩し」を攻略させた動画は有名ですし、自動運転技術などにも深層強化学習が用いられています。

勝手に特徴を発見してくれる——「ニューラルネットワーク」

「ニューラルネットワーク」とは、神経細胞（ニューロン）の塊である脳を模倣したアルゴリズムです。ニューロンは入力された電気信号が閾値を超えると発火して、次のニューロンに電気信号を出力する仕組みです。この仕組みをアルゴリズムで再現しています。

仮に商店街にいる大阪のおばちゃんがニューロンだとします。天神橋筋1丁目にいるおばちゃん達に、なんらかの情報を与えると、商店街にいる無数のおばちゃん（ニューロン）を経由して、最終的に天神橋筋6丁目にいる大阪のおばちゃんに情報が伝達されるのです。

天神橋筋1丁目のおばちゃんを入力層、天神橋筋6丁目のおばちゃんを出力層、途中無数にいるおばちゃんを隠れ層と呼び、この隠れ層が4層以上あればディープであるとして、ディープラーニングと呼ばれるようになります。

入力層にいるおばちゃん達に、氷川きよしが梅田に現れたと伝えるとします。しかし、そのまま伝えず、外見の特徴のみ、しかも1人ひとりにそれぞれ違う部分だけ伝えます。1丁目から2丁目、3丁目と情報が伝達されるにつれて、入力層に伝えた情報が少しずつ重なります。やがて出力層にいるおばちゃんには、氷川きよしらしい人物が梅田に現れたと伝わります（図13参照）。

ディープラーニングが凄いのは、出力層にどうやら西川きよしらしい人物が難波に現れたと間違えて伝わった場合、機械が勝手に情報を伝達する途中のおばちゃんの「確からしさ」を勝手にチューニングしてくれる点です。**「あの人は話を盛るから話半分に聞いた方が良い」と評価して出力層で正確に判断できるように自動的に調整してくれるのです。**

ただし、このネットワーク構造で正しく判断するには、入力層から膨大な氷川きよし情報を流し込み、途中の隠れ層にいるおばちゃんが正確に氷川きよしであると認識できなければいけません。たった1回のやり取りでは、私服姿の氷川きよしを見逃す可能性があります。

◉図13　ニューロンにおける電子信号のやり取りを人工的に再現

精度が高いから良いとは限らない──機械学習のデメリット「過学習」

機械学習には「過学習」という弱点があります。学習が過ぎるとありますが、要は手元にあるデータのみを学習し過ぎてしまうのです。

たとえば「教師あり学習」「教師なし学習」で言えば、100人のデータの中に、極端に大阪のおばちゃんのデータが少ない場合、あるいは均質な大阪のおばちゃんのデータしかない場合、そのデータだけで学習していいのかという問題があります。

ちなみに、大阪のおばちゃんと言えば、萬田久子さんや沢口靖子さんも大阪出身です。彼女たちのようなデータしか集まらない中、芸能人を見ればとりあえず触ろうとするヒョウ柄を着た女性が新たにデータとして加わった場合、正しく判定できるでしょうか。

そうしたデータを考慮せず学習してしまったがために一気に精度が悪くなってしまう可能性もあります。

高校生のころを思い返してみてください。良い学習とは何だったでしょうか。数学の公式や、歴史上の出来事を丸暗記するのが学習だったでしょうか。違うはずです。**コツを押さえて、あらゆる問題に対応できるようになるのが良い学習だったはずです。**

機械学習も同じです。

データの〝外〟への想像力は及ばない――機械学習のデメリット「ないデータ」

もう1つ、機械学習には弱点があります。それは手法ゆえの根本的な問題です。**機械学習は良くも悪くも手元にあるデータがすべてであり、そのデータ以外を想像して「データがあったとしよう」と過程を置き、類推することはできません。**

有名な例として、ハンガリー出身のエイブラハム・ウォルドの「爆撃機の話」があります。

第2次世界大戦中、ウォルドは米軍から「爆撃機の装甲を強化してほしい」と依頼を受けました。彼は、無事に帰還した爆撃機の破損状況を調べ、損傷には明確なパターンがあることを見抜きました。翼や胴体は蜂の巣のように穴が開いていましたが、コックピットと尾翼にはその傾向があまりなかったのです。

それらを踏まえて、ウォルドはコックピットと尾翼を強化した方が良いのではないかと考えました。**なぜなら彼は、手元にあるデータは「帰還した爆撃機」のみであり、「帰還しなかった爆撃機」のデータは含まれていないことに気付いたのです。**

「帰還した爆撃機のコックピットと尾翼に穴が開いていないのは、そこを撃たれたら帰還できないからではないか？　帰還した爆撃機の損傷場所は、撃たれても帰還できる部分なのではないか？」というのがウォルドの洞察だったと言われています。

この話は、オペレーションズ・リサーチ（統計やアルゴリズムの力で最も効率的な手法を選択する方法論）の分野では「選択バイアスの罠」として知られています。

既知の現象や、対象とする範囲が決まっているデータにおいては、人工知能は優秀な戦績をあげています。たとえば盤面の大きさが決まっている「将棋」や「囲碁」など、すべての情報が示されている完全情報ゲームが挙げられます。

しかし、ゲームのルールやプレイに必要な情報が共有されていない不完全情報ゲームは、見えている情報から見えていない情報を予測・評価する必要があるため、なかなか優れた成果をあげるに至っていません。

２０１７年12月になってようやく、カーネギーメロン大学の研究者チームが、不完全情報ゲームの代表例であるポーカー用ＡＩを開発して、プロとの20日間にわたる死闘の末に勝利したという論文が発表され、世界中を震撼させました。

この論文をキッカケに、不完全情報ゲームでも人工知能が優秀な成績を収めていくかは未だ不明ですが、**2018年の現状では、あくまで人工知能が得意としているのは特定領域における最適化、言わば完全情報ゲームなのです。**

囲碁の世界チャンピオンに勝てるぐらい賢いなら、私の抱えている雑用を代わりにやるぐらいすぐできるでしょ、と思うかもしれません。人工知能の「賢い」と人間の「賢い」はまた別なのです。データに表れない文脈を推察して読み取るのは、まだまだ人間の仕事だと考えればよいでしょう。

ちなみに、「データに表れない文脈を推察して読み取る」仕事を奪った人工知能と呼ばれる製品に出会ったことはまだありません。

まとめ

人工知能そのものを作れる汎用的なプログラムは存在せず、状況や課題に合わせて、機械学習という手法を使って、無数の人工知能が作られています。機械学習には教師あり学習、教師なし学習、強化学習、ニューラルネットワークなどさまざまな種類があります。機械学習という手法には、当然ながらデメリットも存在します。それを踏まえた上で使わなければいけません。

第3章
人工知能が「政府の役割」に与える影響

仕事がなくなってしまうから政府は人工知能を規制するべきなのか？

第1章の「人工知能が働き方に与える影響」では、仕事の対価としてもらえる賃金が人工知能によって得られなくなる事態が、人工知能を脅威と捉える理由の1つだと説明しました。したがって人工知能を規制しろ、私たちの仕事を守れと主張したくなる気持ちもわからなくはありません。

では、人工知能に仕事を奪われたとしても、政府からお金がもらえるとしたらどうでしょうか。人工知能を規制するより、人工知能に働かせた結果得られた多少の税金で暮らせればいいと思いませんか。近年では、新しい社会保障施策である「ベーシックインカム(Basic Income = 最低所得保障)」が国内外で注目を集めています。

国内では、堀江貴文氏や2ちゃんねる創設者の西村博之氏などが導入を主張していますし、世界に目を向けると、テスラCEOのイーロン・マスク氏やFacebook CEOのマーク・ザッカーバーグ氏もその必要性に言及しています。実際にフィンランドでは導入テストが始まっており、米国カリフォルニア州のストックトンも

２０１８年に試験導入を行う予定です。

働いている人も、働いていない人も、政府から無条件で一律の金額が給付される——ある意味で〝夢〟のような施策ですが、今のところは「財源はどうする」「働かずにお金をもらうのはずるい」といった反対論が多く、多くの国民がベーシックインカムを冷めた目で見ています。

しかし、本当にこれを「異端の政策」で済ませてよいのでしょうか？

そもそも、「ベーシックインカム」とは何か？

ベルギー出身の哲学者であり、ベーシック・インカム・ヨーロッパ・ネットワークの幹事であるフィリップ・ヴァン・パレース氏が、彼の著書である『ベーシックインカムの哲学——すべての人にリアルな自由を』の中でベーシックインカムを次のように説明しています。

（1）その人が進んで働く気がなくとも、（2）その人が裕福であるか貧しいかにかかわりなく、（3）その人が誰と一緒に住んでいようと、（4）その人がその国のどこに住んでいようとも、社会の完全な成員すべてに対して政府から支払われる所得である。

つまり「この世に生を得たからには、一定の購買力を政府が給付する」というのが、ベーシックインカムの基本的な考え方というわけです。

ただし、富める人への給付はやめた方がいいのではないか、一定以上の所得がある場合は減額したほうがいいのではないかなど、ベーシックインカム推進論者の中でも細部で意見が異なります。今のところは「誰もが政府からタダでお金がもらえる」程度の理解に留めておくのが無難でしょう。

ベーシックインカムは賃金補助であり、貧困対策に効果が見込めるとして、経済左派から強く支持されています。簡単に言えば、収入の多い人から少ない人への「富の再配分」であり、格差社会の是正にもつながる可能性があるためです。

では、対立する経済右派がおしなべて反対しているかと言えば、そうでもありません。たとえば、市場原理主義者であるミルトン・フリードマン氏は自著「資本主義と自由」において「一定水準以下の所得しかない者には、逆に税金を還付する仕組み」として「負の所得税」を提唱しており、富の再分配としてのベーシックインカム政策には一定の理解を示していました。

また、ベーシックインカムを導入すれば、誰に、いくら給付するかという勘定作業や扶養者の調査といった社会保障にかかる政府の役割が大きく減るため、公務員削減につながるとして、「小さな政府」推進の観点でも、経済右派から支持を集めています。

導入で期待する効果や役割は異なるものの、経済政策として対立する両陣営から一定の支持が出るほど、今までの概念では評価しにくいのがベーシックインカムなのです。

人工知能時代にこそ、「ベーシックインカム」が必要だ

もともと、ベーシックインカムは経済・社会保障政策の一環として注目されていました。ここ数年の間にシリコンバレーをはじめとするベンチャー企業経営者が人工知能の進化に伴う代案としてベーシックインカムに言及するようになって、さらに注目されるようになっています。

現行のシステムのままなら、人工知能に仕事を奪われて失業すると、最初は失業保険が給付されます。しかし仕事が見つからない状態が続けば、保険も切れてやがて所得が完全になくなります。失業者が街にあふれ、低所得者層が一気に増える未来は想像に難くありません。

仮にお金を持っていない失業者が増えると、国内全体での消費が減り、その結果、日本国内でお金が循環しなくなってしまい、需要と供給で成り立つ経済のバランスが崩れてしまう可能性すらあります。ＧＤＰも大きく減ってしまうでしょう。

もし失業者が出てしまったとしても、多少なりとも購買力を持っている国民の数を維持することは経済活動を維持する上で、ものすごく大事ではないでしょうか。**したがって、一定の購買力を政府が給付するベーシックインカムは必要になると私は**

考えています。

政府から無償でお金をもらえるという点では、生活保護制度などもありますが、経済への影響を考えると、ベーシックインカムにやや分があります。

生活保護制度は「健康で文化的な最低限度の生活」を保障するのが目的です。**給付金の使い道が限られる場合がありますし、「収入を得た分だけ支給額が減らされる」という点がネックになるでしょう。**先ほども触れましたが、不正受給を防ぐためのチェックにコストがかさむ点も見逃せません。

人工知能によって、人間が行う仕事が本当になくなるかもしれない数十年後の将来を考えれば、ベーシックインカムは決してマユツバ扱いの政策ではないはずです。「人工知能失業時代」を見据えた新しい社会保障として、検討の余地があると考えます。

「ベーシックインカム」があると、人は働かなくなるのか？

ベーシックインカムにも懸念はあります。働かずとも政府から一律の金額が給付されるなら、真面目に働く人が減るのではないかと心配する人は少なくありません。「労働意欲の低下」はデメリットとしてよく挙げられます。

人工知能失業時代を想定するならば、働こうにもそもそも仕事が存在しない――といった状況もあり得ます。しかし経済産業省も「新産業構造ビジョン」において、人工知能に仕事のすべてが奪われるわけではなく一定層は残るという予測を発表していますし、その観点からも本当に労働意欲は低下するのかを検証すべきでしょう。

これまでにも、さまざまな自治体がベーシックインカムの導入テストを行っていますが、目に見えて労働意欲が低下したという例は報告されていないようです。

たとえば、カナダのマニトバ州では総額1700万カナダドル（現在の64億円に相当）を投入して、1974年から約4年間、ベーシックインカムの導入テストが行われました。その当時の報告書などは、グレゴリー・メイソン氏のウェブサイトから確認できます。

また、カナダ版ハフポストでも2014年12月に「A Canadian City Once Eliminated Poverty And Nearly Everyone Forgot About It」というタイトルで、当時の実験が取り上げられています。

中道左派であるカナダ自由党からカナダ進歩保守党への政権交代などにより、政策は途中で打ち切られ、最終報告書も刊行されなかったのですが、2009年にマニトバ大学のエヴァリン・フォージェイ女史がデータを米国国立公文書記録管理局で発見して分析を行い、2011年に「the town with no proverty」という論文を発表しました。

分析の結果、労働時間は男性で1%、既婚女性で3%、未婚女性で5%下がっただけで、ベーシックインカムのせいで労働意欲が低下するとは言い切れない結果でした。加えて、メンタルヘルス、交通事故、傷害に関連する入院期間の大幅な減少や、高校課程への進級に大きな伸びが見られました。そして、結婚する年齢は遅くなり、出生率は下がったそうです。

つまり、最低所得保障を得た人々は「より働こうとする足掛かりを得た」という結果が出たのです。労働意欲の低下どころか、労働意欲を押し上げる効果を得ました。

その他にも、2009年5月にロンドンで行われた「ホームレスにタダで3000ポンド(約45万円)をあげる」という実験に対しては、1年半後には13人中7人が屋根のある生活を過ごしている結果となりました。

本格導入されていない政策に対する批判を退けるには、証拠として十分ではないとは思いますが、各地で行われた導入テストの結果を見る限り「ベーシックインカムで労働意欲が低下する」という心配は杞憂であるという結果になっています。

もちろん、成功事例ばかりをかき集めても意味がないのは百も承知です。しかし、それも失敗事例が存在してこそだと言えるでしょう。**提唱者が事例をもって「ほら見ろ、低下しているじゃないか！」と立証する責任があるように思います。**

フィンランドでは、２０１７年1月から国レベルの導入テストが始まりました。すでに1年が経過しますから、どのような効果が表れているのか、報告書が待たれるところでしょう。

最低限暮らせるだけのお金を得ても、システムさえ整っていれば人は働く意欲を失わない。これは労働というものが、生きることや賃金以外の目的で行われる可能性があることの何よりの証拠でしょう。

ベーシックインカムで労働意欲が低下するといった、数々の懸念が払拭されたとすると、実現にあたっての大きな障壁は〝財源〟のみになりつつあります。昨今では、現状の体制を大きく変更するような政策について「財源を示せ！」と迫られるケースも少なくありません。本当に、日本が全国民に所得を支給できるのでしょうか。

ベーシックインカム、国からの給付額はどのくらいになる？

ベーシックインカムを「政府による購買力の支援」だと捉えた場合、給付額はいくらぐらいになるのでしょうか。その参考になるのは、生活に必要な物が購入できる最低限の収入を表す「貧困線」と呼ばれる統計指標です。

そもそも貧困とは、衣食住について必要最低限の要求水準を下回る絶対的貧困と、その国の所得分布の下位一定水準を下回る相対的貧困の2つに分かれます。ベーシックインカムは、国ごとの所得に大きく左右される施策であるため、相対的貧困という指標をベースに考えた方がよいでしょう。

厚生労働省は相対的貧困の計算方法として、「等価可処分所得（世帯の可処分所得を世帯人員の平方根で割って調整した所得）の中央値の半分」と定義しています。一般的に引用されることが多いのは、厚生労働省が行っている「国民生活基礎調査」で算出される数値です。このデータによると、相対的貧困を表す線は122万となりました。ちなみに2016年度の相対的貧困率（世帯に占める相対的貧困の割合）は15・6％で、前回の16・1％をわずかながら下回っています。

一方で、総務省が行っている全国消費実態調査のデータを参考にすると、相対的貧困を表す線は132万となりました。2014年度の相対的貧困率は9・9%と大きく異なります。**両方のデータは同じ相対的貧困を扱う指標ですが、かなり異なる結果を表しています。**

この違いについては調査を行う厚生労働省、総務省ともに頭を痛めていて、共同研究を行い、その結果を報告しています。報告書によれば、サンプルの偏りなどが原因にあるようです。日本としては、相対的貧困率の算出を第一の目的とした統計は行っていないため、国の統一見解がないのが現状です。

したがって、この両方のデータで算出された貧困線を基準に、その金額のおよそ6割程度の給付をすると考えてみましょう。実際には、限界消費性向（所得の増加分のうち、消費に使われる割合）なども踏まえて「給付が購買力の向上を担うか？」という検証が必要ですが、あくまでの卓上の試算ということでご了承ください。

両方のデータを参考に、仮にその中間である127万円を基準に考えると、その6割は年間76・2万円。**月ベースで1人あたり6万3500円が国庫から給付される計算となります。**

非常に少なく思えるかもしれませんが、1人暮らしの単身世帯ならともかく、2人暮らしなら12万7000円、3人暮らしなら19万5000円と、家族が増えるほど世帯に給付される金額は増えます。たとえば光熱水費などの世帯人員共通のコストは、一緒に暮らす人数が増えるほど割安になりますから、お得感は増すかもしれません。

総務省統計局の人口推計によると、日本における日本人の人口は2017年7月時点で1億2476万3000人となっています。

ベーシックインカム提唱者のパリース・フィリップ・ヴァンの「社会の完全な成員すべてに対して政府から支払われる所得」という考え方に準拠すれば、子どもでもベーシックインカムの給付対象にすべきだと私は考えます。**したがって、現時点でベーシックインカムを導入するとなると、年間で約95兆円が必要になると計算できます。**

年間95兆の財源をどのように確保するのか?

ベーシックインカムの性質は「新たな社会保障」です。すなわち、これを導入するには、社会保険、社会福祉、公的補助、保健医療から構成される、現在の社会保障体系の大きな再編が必要になるでしょう。

国立社会保障・人口問題研究所によると、2015年度における年金、医療、介護などの社会保障給付費は１１４兆8千億円でした。

保障体系の中で、最も見直すべきは年金です。そもそも年金とは「継続的に給付される定期金」です。給付対象の制限などがありますが、その性質はベーシックインカムに近しいものがあります。

年金の会計帳簿である年金特別会計を見てみると、各年金勘定のうち、国民年金と厚生年金の保険料収入、児童手当(子ども・子育て支援)の事業主拠出金は、２０１５年度決算によると合計約30兆円になります。一般会計からの受入は約12兆円、その他積立金やＧＰＩＦ納付金など、細かい収入が約6兆円あります。

もし、年金をベーシックインカムの原資とする場合、保険料収入のうち、個人負担分は所得税、事業主負担分は法人税の税率を上げることで確保するべきでしょう。あるいは、これらの保険を廃止したうえで、新たな税を設けてもいいかもしれません。

これらをすべて合わせると約48兆円。それでも約47兆円が不足する計算で、各勘定の積立金を使っても焼け石に水です。では、その他にどのような財源が考えられるでしょうか。

まず、社会保障給付の中でも、国民健康保険の後期高齢者医療制度において、患者負担額を「全世帯原則3割負担」に変更すると、約4兆円の財源になります。細かいですが、次のような財源も考えられます。

- 公務員等共済組合のうち年金給付分：約6兆円
- 雇用保険：約2・4兆円
- 生活保護：約2・8兆円
- 社会福祉費のうち個人への給付等：約0・5兆円
- 年金基金や共済組合への国庫負担分：約0・5兆円

さらに相続税、贈与税の負担割合をバブル期並みに引き上げて約2兆円、新たに市場規模約28兆円のパチンコ・パチスロ・公営ギャンブルに10％の利用税を設けて、規模が多少縮小すると考えて約2兆円といった方法もあります。

加えて、ベーシックインカムを給付されずとも、十分に購買力を持つ高所得者層（仮に等価可処分所得の中央値の2倍とします）を想定して、所得税の税率を上げます。ベーシックインカムの目的は購買力の向上ですから、給付が貯蓄に回ってはあまり意味がありません。仮に「給付しても使い切れない」のであれば、税金でベーシックインカム分を回収するのがよいのではないでしょうか。

2016年度の国民生活基礎調査によると、等価可処分所得の中央値の2倍である520万以上は全体の約12〜13%になります。これで約11・8兆円の財源確保になります。

しかし、ここまでやっても約32兆円。まだ15兆円ほど足りません。もう少し細かく見れば、各種手当てや控除、補助金の廃止に伴う役所の改廃により、もう少し財源は出るでしょうが、1兆円にも届かないでしょう。

より財源を確保するために、たとえば、介護保険や医療保険の国庫負担全廃という意見もありますが、私はそれがいいとは思いません。**現金給付などの現金サービスの統合はあっても、現物サービスにかかる費用まで自己負担というのは、単なる「財源探しゲーム」になっているように思います。**

他に考えられる財源案としては2つあります。

1つは、国税だけではなく、地方への分担も見据えたベーシックインカム制度の構築です。2015年度の国・地方を合わせた決算を見れば、国税約60兆円に対して、道府県税18兆円、市町村税21兆円という構成です。

先ほど挙げた社会保障の大半は、国と地方で負担額を分けています。国庫負担の割合は、生活保護であれば75％、児童手当であれば66％といった感じです。本来、社会保障とは国と地方が分担して成立する仕組みだと言えます。そうなると、地方交付税や国庫支出金まで含めた制度設計が必要になるでしょう。

もう1つは、毎月給付されるベーシックインカムを有効期限付き電子マネーとして支給して、強制的に使わざる得ない環境にすることで、消費税や法人税の底上げを狙うという方法です。電子決済が普及するきっかけになる可能性はありますし、国内総生産のうち、横ばいが続いている家計部門を押し上げる効果が見込めます。

ただし、1999年に実施されて批判された地域振興券に起きた問題で見られたように、給付された電子マネーを使う一方で、使わなかったお金を貯蓄に回してしまうようでは、あまり意味がありません。そうなると、消費税や法人税を見直さざるを得ないでしょう。

円卓の議論だけで済まさず、一刻も早いベーシックインカムのテストを

ベーシックインカムを提唱する方たちの中にも、さまざまな派閥があるのですが、

私が共感しているのは、いわゆる「シリコンバレー派」です。これは、人工知能やロボットなどの浸透により、雇用が劇的に減少し、大量失業は避けられないため、賃金とは別にベーシックインカムが必要だとする考え方です。

しかし、そのような時代が5年や10年程度では訪れるとは思えません。恐らく2030年代後半〜2040年代、今からおよそ20年後ぐらいでしょう。遠い先の話のように思うかもしれませんが、今すぐにでも地方レベルでの実験に着手しなければ、恐らく間に合いません。

なぜなら、国や地方にまたがった複雑な税体系を整理統合して、20年後に着実に制度を運営するには、制度設計に5年、試運転に5年、法改正のやり取りに5年、そして運営が安定するまでに5年というイメージでプロジェクトを進める必要があるからです。ちなみに後期高齢者医療制度は、政策課題として提言があってから、法案成立まで約7年を要しました。それだけ制度の改正というのは、とにかく時間がかかることなのです。

人工知能が活躍し、人の仕事の大半を担ってくれるようになる世界——これは不確定な話ではなく、必ず来るだろうと考えています。人工知能の進歩と共に、人間や社会も進歩しなくてはいけません。人工知能は黙っていても進歩しますが、われわれ人間は行動を起こさないことには進歩できないのです。

まとめ

政府には人工知能を規制してもらうより、生活保護とは違う新しい社会保障を構築してもらって、失業を当たり前とする社会に備えてもらった方がいいでしょう。街じゅう失業者だらけになり、皆が財布の紐を固く締める事態を防ぐためにも、一定の購買力を政府が給付する、ベーシックインカムがその候補になります。ベーシックインカムの過去事例を見る限り、「労働意欲の減退」は見られませんでした。まだ事例は少ないので、むしろ積極的に推進し事例を作っていくべきでしょう。ベーシックインカムの財源は何とか確保できそうですが、国と地方が一体となった社会保障改革が必要となりそうです。21世紀の税制大改革となるでしょう。そうなると10年単位で時間がかかりそうですから、人工知能の浸透が先か、税制改革が先か、何にしても時間との戦いです。

政府はもっと前に出て世界と戦うための主導権を握るべきなのか？

2017年は、人工知能の開発に国家や企業が大規模な投資を行うニュースが相次ぎました。政府だけではなく、トヨタやオムロン、日立製作所、ダイキンなどの企業も次々と投資を表明しています。研究拠点の設立や、人材育成、企業買収、ベンチャー投資など、その内容はさまざまです。

こうした投資の動きは、日本だけではありません。補助金に加えて税制優遇など、間接的、直接的な支援という名目で、世界各国が惜しみなく人工知能開発に資金をつぎ込んでいます。

ロシアのプーチン大統領が、2017年9月に行われた講演で「人工知能分野で主導権を握る者が世界の支配者になる」と語ったことからも、プライドを賭けた国家間の人工知能を巡る争奪戦が起きていると考えてよいでしょう。

そんな中、諸外国の支援状況を見ている日本国内の研究者からは「もっと政府に支援をしてもらいたい」という切実な声が上がっています。

人工知能の技術開発を担う、理化学研究所革新知能統合研究センター長の杉山将氏は、読売新聞の取材に**「世界に大きく遅れている。周回遅れと言ってもいい」「一企業だけで年に数千億円を投じる米国に対して、日本は新センターの新年度予算案が約30億円。差は広がる一方だ」**と話し、危機感をあらわにしています。

日本政府は人工知能に対して支援をしているつもりでも、世界とは数十倍、数百倍の差が開いているのです。本書では米国政府と中国政府に焦点を絞り、国家としてどのような支援を行っているのかをご紹介します。

米国が人工知能にかける意気込みは？

米国政府は人工知能に対して、どのくらい本気なのでしょうか。

本気度を測る資料として、大統領府が2016年10月に発表した「National Artificial Intelligence Research and Development Strategic Plan（人工知能研究開発戦略計画）」が参考になります。民間が率先して取り組めないような時間のかかる領域や公共性が高いテーマなど、官民の住み分けができる人工知能研究を列挙した文書であり、いわば国家の戦略的優先事項と言えます。

この文書の中では**「2015年の米国政府による人工知能への投資額は約11億ドル」**と書かれています。日本政府の場合、人工知能関連は平成28年度予算でようやく337億円の予算を計上していましたから、すでに約4倍遅れている計算になります。ところで、この約11億ドルという金額が米国における研究開発においてどれくらいの規模を占めるでしょうか。

研究開発への投資金額は、国立研究開発法人科学技術振興機構が発表している「主要国の研究開発戦略」が参考になります。その資料によると、人工知能以外も含めたあらゆる研究開発に対して、米国の官民学合わせた投資金額の規模は、2013年で4561億ドルとなっています。これは世界の総研究開発投資1兆6710億ドルの約3割を占める勢いです。

4561億ドルという金額は世界でトップであるものの、対GDP比率を見てみると約3%ですから他の先進国と変わらない割合だとわかります。ちなみに世界銀行が発表した2016年における全世界のGDP内訳を見ると、米国は18兆5691億ドルで全世界の約25%を占めます。つまり、基本的にGDPという国の経済力によって、研究開発投資規模が連動すると考えればいいでしょう。

研究費の負担割合は連邦政府が27・7%とのことで、ざっくりと1263億ドル程度が政府支出額だと推察できます。つまり、人工知能関連予算は意外にもほんの1%程度です。

とはいえ、このころは人工知能に対してまだ懐疑的な目が向けられていた時期です。2018年現在ともなれば、さらに巨大な投資額が動いているでしょう。

基礎研究に限らない可能性もあります。たとえば米国の分野別研究開発費では、国防が48%と公表されていますが、防衛のための人工知能開発というケースも考えられます。実際、大統領府が2016年の10月に発表した「Preparing for the Future of Artificial Intelligence（人工知能の未来に備えて）」では、国防高等研究計画局（DARPA）で新兵の能力開発に人工知能を活用する事例が紹介されています。

実際、2016年10月以降、大統領府は人工知能に関する取り組みや法整備、予算に対する注文を相次いで発表しています。

特にバラク・オバマ氏が大統領を退任する直前の、2016年12月に発表された文書「Artificial Intelligence, Automation, and the Economy」は注目すべきでしょう。人工知能が及ぼす、雇用を中心とした社会的な影響を網羅し、そのための政策を説明したものです。

オバマ氏の大統領退任スピーチでも、人工知能が経済に及ぼす影響が語られました。

次にやってくる経済の混乱は、海外からではありません。容赦ないスピードで進む自動化によって、多くの善良な中産階級の人々は、仕事を奪われることになるでしょう。

一方、代わったトランプ大統領が、人工知能への投資に本気になれるのかという点については疑問が残ります。２０１８年度における連邦政府の研究開発は、２０１７年６月に発表された予算教書によると１１７７億ドル（前年比マイナス21％）と大幅に削減される見込みです。

「人工知能の発達は雇用を奪う」といわれる中で、アメリカ・ファーストで雇用回復を重視するトランプ政権においては、「研究開発への投資より雇用回復が先」というスタンスになる可能性も高いように思います。

中国の人工知能技術が米国を追い抜く？

国家の支援という観点では、米国政府は２０１６年から一気にギアを上げてきたわけですが、その背景には、中国に対する危機感があったといわれています。

多くの人が人工知能の先進国と言えば、数多くの世界的ＩＴ企業を有する米国を思い浮かべるでしょう。しかし、最近では中国の発展がめざましく、その勢いは米国をしのぐレベルにまで達しています。

つい最近の話ですが、２０１７年9月に**「ゴールドマンサックスは、中国の人工知能技術が米国を追い抜くと予想している」**とＣＮＢＣが報道して話題になりました。中国はその予想に値する投資を２０１４年ごろから準備し、かつお金をジャブジャブと投資してきました。

先述した「National Artificial Intelligence Research and Development Strategic Plan」でも、ディープラーニングに関する研究論文の発表数について、２０１３年に中国が米国を抜いて世界一となり、さらにその差が広がっていることを詳細に報告しています。

特許においても中国の勢いは止まりません。数についてはもちろん米国が多いものの、伸び率で見れば中国が圧倒的な状況です。人工知能を巡る覇権争奪で、トップを走っていると思ったら、真後ろに中国がいたのです。米国が焦ってギアを上げる気持ちは想像に難くありません。

中国は2010年に「知能製造」（ドイツの「Industry4.0」のような産業政策）を提唱して以降、インターネットを活用した戦略的な政策を推進しています。

2015年3月に開催された第12期全国人民代表大会では「インターネット・プラス」、2016年には「インターネット・プラス人工知能3カ年計画」と立て続けに計画立案を進めていますが、その内容は米国より野心的です。2018年までに人工知能分野で1000億元（約1兆7000億円）レベルの市場を創出しようと、具体的な数字を掲げました。「その数字が達成できなかったらどうするんだ！」と批判する野党がいないからこそ、できる芸当なのかもしれません。

さらに、2017年8月には新たな国家戦略として「次世代人工知能発展計画」を発表しました。同計画では、具体的な時期を絞って戦略目標を定めています。最終的に2030年までには、中国を世界の主要な「人工知能イノベーションセンター」にして、人工知能中核産業規模は1兆元（約17兆円）、関連産業規模は10兆元（約170兆円）にまで成長させることを目標にしています。

そのための推進エンジンとして、2017年11月には「次世代人工知能発展計画推進弁公室」が設立されました。今後、この推進弁公室のもと、百度（バイドゥ）、阿里雲（アリババ）、テンセント、科大訊飛（iFlytek）など、中国内の産学が連携しながら、中国を巨大な人工知能国家へと育て上げるようです。

こうした計画を考えると、2030年の「Made in China」は「粗悪なコピー品」の代名詞ではなく「優れた人工知能搭載製品」を意味するのではないかとすら私は思ってしまいます。

ファーウェイ輪番CEOの徐直軍氏は、2017年4月の経営戦略説明会で「今後はすべての製品とサービスに人工知能を盛り込む」と意気込んでおり、すでにその動きは始まっているように思います。

こうした動きに懸念がないわけではありません。中国は、昔から研究開発において基礎研究や応用研究を重視しない国家として知られています。2015年における研究開発投資の内訳を見ても、基礎、応用研究の割合は全体の15%程度しかなく、ほとんどを開発研究にかけています。この比率は他諸国の2分の1から3分の1程度です。

ビジネス的な目先の魚が釣れればいいのではないか——そんな批判を浴びていることを中国当局も意識はしており、「次世代人工知能発展計画」では、基礎研究を大事にするとうたっています。

消えつつあるステレオタイプな「中国」

中国は今、大きな変化の時期に来ていると言ってもいいでしょう。中国人はガサツで品がなく、公共という概念を持っておらず、サービスは洗練されていなくて遅れている。読者はそうしたイメージを持たれているかもしれません。

そうした一面を未だ持ち合わせているにしろ、脱却しようとする傾向はすでに現れています。私の友人でモノオク株式会社を経営する代表取締役の阿部祐一氏は、2017年12月に上海へ行った際に、印象が変わったと教えてくれました。

たとえば、中国はスマホ先進国と呼ばれています。その浸透度に関して言えば、上海中心部だけでなく、どこまでも果てしない田畑が続く農村にある屋台でも、アリペイやウィチャットペイのようなスマホ決済が問題なく使えたようです。

紙幣に対する不信感もあって、電子決済の方がまだ信用できるという背景もあるでしょう。私も２０１７年8月に北京へ足を運んだ機会があったのですが、紙幣を差し出そうとすると露骨に嫌な顔をされたので、やむなくクレジットカードを使用した経験があります。

ちなみに日本国内を旅行すると、地方には電子マネーやクレジットカードすら使えない店舗などザラにあります。中国の設備投資に対する貪欲さをうかがえます。

このようなスマホに結び付いたサービスは、今後ますます広がりそうです。たとえば、自転車シェアリングサービスのモバイクを阿部氏は利用したそうですが、駅から徒歩10分かかる移動を、たった2分に縮めてくれたと絶賛しました。

私たちは日常生活において1人1台の自転車を持ち乗り慣れているかもしれませんが、旅先や都心で自転車を使って移動する機会はありません。電車に乗るか、タクシーかバスなど車を使うか、時間をかけて歩くか、そのいずれかでしょう。

使い終わった自転車を元の場所に戻すのかなどのトラブルを抱えつつも、モバイクは急速な勢いでサービスを加速させています。２０１７年8月には北海道札幌市で日本初の事業を始めましたが、これも観光客が多い都市を選んだモバイクの深謀遠慮がうかがえます。

ただ、あらゆるサービスが素晴らしいかと言えばそうではなかったようです。阿部氏はUberのような配車サービス大手didiを利用した際、意図的に車の中に忘れ物をしたそうですが、ドライバーからの連絡はなかったそうです。一方で、上海の宿泊はAirbnbを利用したようですが、ホストからさまざまな支援を得られて快適だったと話してくれました。

サービスを提供するプラットフォームが築かれても、最後は実際に提供してくれる人に大きく左右されるのだなと感じました。

実際、阿部氏も私も中国における格差が想定より酷いと感じました。スマホはおろか日常生活にすら困っているような路上生活者のような存在を、私はチラホラと見かけました。欧米にも進出しようとするサービスの利用者や提供者は、中国の中でもごく一部だと考えた方がよいのでしょう。

ただし、国全体の所得水準が向上して、日本に過去あったように総中流時代が訪れた際、その購買の破壊力は計り知れないのは確かです。私たちの知っているステレオタイプな中国像を更新する時期が来ていると言ってもいいでしょう。

投資金額で勝つのは難しい——どうする、日本?

米国政府や中国政府の動きを見ていると、主に2014年から2016年に、政府として本腰を入れ始めたのがわかるでしょう。2～3年程度ということで、時間という面では、リカバリができる範囲だと思います。

しかし、投資金額においては、やはりGDP規模の差が如実に表れます。特に政府だけではなく、民間企業を含めた差は広がっているのが現実です。Google、Facebook、Apple、百度、阿里雲、テンセント、ファーウェイ……こうした巨大企業に続き、人工知能に巨額の投資を行う日本企業が求められています。

「そんなに金が大事なのか」と疑問に思う人もいるかもしれません。もちろん投資をしたからといって、必ず結果が出るとは限りません。しかし、人工知能はデータ収集からデータ基盤の構築、アルゴリズムの開発人材、インサイトの発見など、何かにつけてお金がかかります。

冒頭に挙げたように、トヨタやオムロンなどの企業が動き始めていますが、それを支える国家の支援も必要でしょう。総務省も「次世代人工知能推進戦略」の中で、投資を含めたさまざまな課題を挙げているのですが、具体的な施策や政策にまで落とし込めていないのが現状です。

人工知能をはじめとするデータ活用ビジネスは、先行者利益が非常に強い市場と言えます。良質な人工知能を開発したり、チューニングしたりするにも膨大なデータが必要です。膨大なデータを手に入れるにはお金が必要なのは言うまでもありません。

圧倒的な技術力を持ったプラットフォーマーが市場を独占し、他の企業が参入できない、または到底勝てない状況になる——というのは昨今よく見る光景でしょう。「金で解決ぶぁい」と言っていたのは「おぼっちゃま君」でした。**人工知能を巡る覇権争奪戦については、お金がなければ、解決どころか、その土俵に上がることすらできないのかもしれません。お金ではなく知恵で主導権を握るのは、屏風から虎を出してくださいと言っているようなものかもしれません。**

米国に肉薄する中国の事例は、国を挙げて投資をすることで、人工知能開発で世界のトップに踊り出るだけの可能性を見せてくれました。その点において、日本にとって中国は絶望の象徴でもあり、希望の光でもあると言えます。

まとめ

人工知能への投資は各国を挙げて支援していますが、その金額感は日本の数倍、数十倍であり、むしろ他諸国の「前のめり感」が鮮明になってきています。とくに中国は具体的な目標値を掲げて、産官学連携して取り組んでおり、その姿勢を見た米国が慌てて人工知能に本腰を入れ始めたとも言われています。お金がすべてとは言いませんが、お金をかけなければ解決しない問題も沢山あります。知恵で乗り切って主導権を握るのは難しいと考えてよいでしょう。したがって、その憤りの声は、私たち研究者ではなく、政府や地域を代表する政治家に向けてください。

第4章

人工知能が「法律」に与える影響

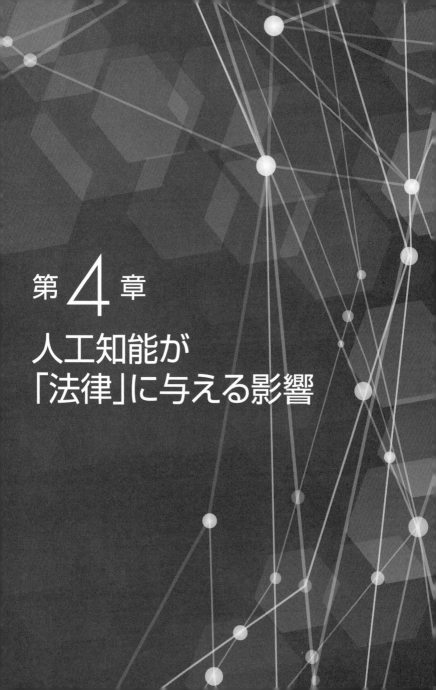

AI
ARTIFICIAL INTELLIGENCE

自我を持った人工知能が勝手に暴走し始めたら誰が責任を取るのか？

２０１７年８月、「Facebookが開発していたチャットｂｏｔが、独自の言語で会話をした」というニュースが話題になりました。なんらプログラムされることなく、人工知能が独自に進化して、人間が理解できない勝手な言語を発明したとして、「もしかして知性が誕生したのではないか？」として注目を集めました。

しかしながら、ウェブ上で公表されている研究内容の詳細を読むと、報道自体が「ウソ」だったということがわかります。

そもそもの始まりはチャットｂｏｔ同士で、相手が何を思っているかを推し量りながら対話を行う研究中に起こりました。人工知能研究では訓練用のデータを生成するため、人工知能同士を組み合わせることがよくあります。囲碁の世界チャンピオンを倒したＡＩであるAlphaGoも、そうやって加速度的に強化されていました。

発表された文中に〝led to divergence from human language〟とありますから、実際のところはまったく新しい言語を作ったのではなく、ルールからの逸脱（重み付けのミスであり、一種の不具合のようなもの）と考えるのが正しそうです。
つまりチャットｂｏｔ同士の会話を制御するプログラムの一部に不具合があって、あまりに簡略化され過ぎてしまったので「この場合は使えない対話となってしまった」と振り返っているだけで、独自の言語で会話をしたなんて誰も言っていません。

なぜ、このような「フェイクニュース」になったのかは不明です。やはり、人工知能陰謀論は注目が集まりやすいのでしょう。

こうしたニュースをはじめとして、私自身も「人間の及ばない知性を獲得した人工知能が暴走する可能性はありますか？」「自我を獲得した人工知能が、暴走して私たちの世界を支配したらどうするんだ？」と相談を受けることがあります。そんなＳＦのような話に対し、人工知能学者が真面目に反論する機会はさすがに減ってきましたが、質問している当人は大真面目ですから困ったものです。

では、人工知能が暴走した世の中を想像するのは、ばからしい話なのでしょうか？

実はそうでもありません。

✿人工知能の誤動作や、意図しない挙動というリスク

全日本交通安全協会の調査によると、2016年の交通事故死亡者数は4117人でした。約2時間に1人が車に起因する事故に巻き込まれ、命を落としている計算になります。最近では、テロリズムの道具になるケースも多いです。では、人間の尊い命を奪う自動車という道具を、危ないという理由で全面的に禁止するべきでしょうか。

いろんな見方があるでしょうが、自動車が社会にさまざまな恩恵をもたらしているのは事実です。したがって、「人間に危害を加えないよう、さまざまな規制を設けた上で、安全に使うべき」という意見が大半だと思います。速く自由に移動できるからこそ、救急車のような人の命を救う道具にもなるわけです。

人工知能も同様です。人工知能は「人が作り出したシステム」です。ならば、それが暴走すれば〝人の手〟によって起きた事象だと言えるでしょう。

喫緊の課題は「自我を持った人工知能の暴走」というSFのような話ではなく、自動車や産業用機械、アプリなどに組み込まれた人工知能の誤動作や、意図しない挙動に対する責任の所在なのです。

たとえば、「どんな食材も人工知能がちょうど良く温めてくれる電子レンジ」が開発されたとします。もしも、人工知能が生卵をカマボコと誤判断したらどうなるでしょうか。卵は電子レンジの中で音を立てて爆発してしまうでしょう。

そのとき、卵が爆発したのは誤った判断をした人工知能を開発したメーカーの責任でしょうか。それとも、そもそも卵を電子レンジであたためようとした使用者の責任でしょうか。卵を電子レンジで温めてはいけないのは世間の常識ですが、法的な責任の所在となるとまた別かもしれません。線引きは非常に難しいのです。

市場に流通している人工知能を搭載した製品をよく見てみると、人間に危害を加えない領域で浸透していることがわかります。**私たちはまだ、人工知能が抱えるリスクに対する100点満点の答えを見つけていないのです。**

自動運転で死傷事故、メーカーの責任か？　ユーザーの責任か？

その試金石として見られているのが、まるで人間が乗っているかのように自動車を運転してくれる「自動運転技術」です。自動運転中の車が死傷事故を起こした場合、それは運転席に座っている人間の責任でしょうか。自動運転技術を開発したメーカーの責任でしょうか。

２０１６年５月に、テスラ社の自動運転機能を搭載した車による死亡事故が起きた際、国土交通省は次のような報道発表を行いました。

●現在実用化されている「自動運転」機能は、完全な自動運転ではありません!!

http://www.mlit.go.jp/report/press/jidosha07_hh_000216.html

報道発表の中で**「現在実用化されている「自動運転」機能は、運転者が責任を持って安全運転を行うことを前提とした「運転支援技術」であり、運転者に代わって車が責任を持って安全運転を行う、完全な自動運転ではありません」**と注意喚起しています。

つまり、現状市場に流通している自動運転機能を用いた運転による事故の責任は、すべてにおいて運転者にあると断言したのです。

自動運転技術のレベル感については、官民ＩＴＳ構想・ロードマップに詳細がまとまっています。中でも、図14がわかりやすいでしょう。

私たちは「自動運転」と聞くとレベル5、つまりどのような状況下でも、人工知能がすべての運転タスクをこなしてくれる状態を思い浮かべます。しかし、現在市場に流通している自動運転機能はレベル1〜2程度で、人間による操作が必要です。完全自動運転が街中を走行する未来はまだ遠い先の話なのです。

しかしまだ先だとはいえ、人工知能を搭載する〝人の命に携わる〟システムとして最も実現可能性が高く、世界レベルで議論が進んでいるのが自動運転技術です。そう遠くない未来に備えて各国が主導権を握ろうと必死な

◉図14 自動運転レベルの定義（J3016）の概要

レベル	概要	安全運転に係る監視、対応主体
運転者が全てあるいは一部の運転タスクを実施		
SAE レベル 0 運転自動化なし	• 運転者がすべての運転タスクを実施	運転者
SAE レベル 1 運転支援	• システムが前後・左右のいずれかの車両制御に係る運転タスクのサブタスクを実施	運転者
SAE レベル 2 部分運転自動化	• システムが前後・左右の両方の車両制御に係る運転タスクのサブタスクを実施	運転者
自動運転システムが全ての運転タスクを実施		
SAE レベル 3 条件付運転自動化	• システムがすべての運転タスクを実施（限定領域内） • 作動継続が困難な場合の運転者は、システムの介入要求等に対して、適切に応答することが期待される	システム（作動継続が困難な場合は運転者）
SAE レベル 4 高度運転自動化	• システムがすべての運転タスクを実施（限定領域内） • 作動継続が困難な場合、利用者が応答することは期待されない	システム
SAE レベル 5 完全運転自動化	• システムがすべての運転タスクを実施（限定領域内ではない） • 作動継続が困難な場合、利用者が応答することは期待されない	システム

※出典：官民ITS構想・ロードマップ 2017

のです。

すでにテスラやアウディといったメーカーは、レベル3の能力を持つ自動運転車の販売準備を始めています。自動走行モード中に起きる事故の責任を、冷静に考えるなら今なのです。

たとえば、夜間走行中にグレア現象（対向車と自車のヘッドライトが重なる部分で、お互いの光が反射し合い、間にいる歩行者などが見えなくなる現象）が起きても、人工知能は認識できるのか。そもそも、空間を認識する搭載カメラに傷が付いた、あるいは泥汚れが付いて正しく認識しなかった後に事故が起きたら、メンテナンスをしなかった所有者の問題なのか、製造者の問題なのか。

考えなければならないリスクは山のようにあります。**人工知能が私たちの社会に浸透する時代、法的な責任の所在の解決こそ喫緊の課題だと言えるでしょう。**

ルール作りへの協力も人工知能開発者の仕事ではないか？

2017年8月にジャストシステムが行ったウェブ調査では、人工知能を利用して生じた過失の責任について、「利用者側に責任がある」と答えた人は約3割、「メーカー側に責任がある」と答えた人は約5割いました。世論としても、両方の意見がある状況です。

こうした問題に対するルールを作るためには、開発者の知見が欠かせないと私は思います。記事冒頭で紹介したチャットｂｏｔの話も、Facebookの開発者は「ルールから逸脱した理由は不明」だと言っています。英語圏の文法の重み付けが弱かったのではないか、という推測を述べている程度です。

しかし、自動運転中の車が死傷事故を起こしたとき、意図しない挙動を起こした理由について「ディープラーニングだから説明できない」「人と認識する方法が弱かったのかもしれない」などという推測しかできないようでは、実用化は厳しいと言わざるを得ません。

一方で、ディープラーニングを用いた人工知能の開発を禁止すると、あらゆる革新が遅れるのも事実です。したがって、人工知能を実現する言語、手法、特徴を理解する人間が、実際に人工知能を組み込む分野に精通する人間とともに、ルール作りを行うのが現時点での現実的な対応策だと考えます。

その観点で考えると、人工知能開発ガイドラインの策定を行う、総務省の「人工知能ネットワーク社会推進会議」のメンバーに、人工知能開発で有名なPreferred Networksの経営陣が参画したのは素晴らしいことだと思いましたし、何かしらの理由があったにせよ途中で離脱したのは残念で仕方がありませんでした。

ルール作りへの協力も人工知能開発者の仕事だと私は考えます。たとえば、社会との窓口に立つロビイストを雇うというのも1つの選択肢ではないでしょうか。ひいては、それが人工知能開発を前に進める力になるはずです。

まとめ

自我あるとかないとかまったく関係なく、自動車や産業用機械、アプリなどに組み込まれた人工知能の誤動作や、意図しない挙動に対する責任の所在を明確にするほうが喫緊の課題です。私たちはまだ、人工知能が抱えるリスクに対する100点満点の答えを見つけていません。人工知能を実現する言語、手法、特徴を理解する人間が、実際に人工知能を組み込む分野に精通する人間とともに、ルール作りを行うべきでしょう。

人工知能にはビッグデータが必要で、今すぐ法改正をするべきか？

第3次人工知能ブームが起きて以降、ビジネスの世界ではデータの奪い合いが始まっています。製造業、小売業、サービス業など、あらゆる産業の現場だけでなく、日々の生活の中にもデータを計測するＩｏＴデバイスが登場して、私たちの日常からあふれるデータを計測しています。

ＩｏＴデバイスとは、簡単に言ってしまえばあらゆる場所に存在可能な、特定の目的を持って特定の量を計測できるセンサです。ＩｏＴを使えば今まで計測不可能だった場所も、機械も、リアルタイムで比較的正確に計測できるようになりました。

第2章で紹介したように、機械学習は手元にあるデータのみを基に判断を行います。言い換えれば、保有するデータによって人工知能の価値が決まると言っても過言ではありません。

人工知能を組み込んだシステムを成功させる秘訣は、膨大でさまざまな種類のデータを、安い基盤に蓄積して、さまざまな手法を試して結果を得るかだと私は考えます。

つまりデータ、基盤、アルゴリズムの3つが重要であり、競争優位性を持つ要素なのです。

しかし、ここ数年に起きた「クラウドやGPUの進化」というイノベーションのおかげで、多少のお金があれば、誰でも基盤を購入できるようになりました。今では、この要素で他社と差を付けるのは難しいでしょう。

また、アルゴリズムについては、AGFA(Apple、Google、Facebook、Amazon)と呼ばれる4強やMicrosoft、Baiduといった大企業がディープラーニングに関するオープンソースを提供しています。それらを使えば、誰でも気軽に人工知能を開発できるようになったことから、これも他社と差別化がしづらくなっています。

つまり、最後に残ったデータだけが、他社との差別化要因として存在し続けているのです。他社では得られないデータを、いかにして自社で計測するか。そのデータにこそ、貴重な価値があります。他社にないデータを含めて学習することで、より精度の高いアウトプットが期待できるならば、データはまさに「21世紀の石油」と言えるわけです。

したがって「人工知能にはビッグデータが必要である」という主張は、完全に間違っているわけではありません。

個人情報保護法がデータ活用の「足かせ」になるという誤解

今、ビジネスの世界で最も重要なデータとして注目を集めるのが「ライフログ（ウェブ内外の個人の活動記録）」です。現在、GoogleやAmazonがこぞってスマートスピーカーを開発・販売していますが、個人の住居に設置して横断的にライフログを計測できるシステムと考えれば、その理由もうなずけます。

しかし、ここで気になるのはプライバシーの問題です。日本では、２０１７年5月に改正個人情報保護法が施行されました。この法律は、ビッグデータ時代に対応した法改正として多くの注目を集めた一方で、規制が強化されたとしてビジネスに悪影響を与えるという見方をする人もいます。

たとえば、個人に関する情報であるライフログは、特定の個人を識別できる情報とセットで保有されれば「個人情報」に該当します。スマートスピーカーが位置情報とともに家の電力メーター情報を取得していた場合、位置情報から個人が特定できるならば、電力メーター情報も個人情報に当たります。

あれも個人情報、これも個人情報、データの利用に制限が入ってしまうと、人工知能に利用することができなくなる可能性があります。このまま日本は人工知能関連の開発で世界に負けてしまうのでしょうか。

関西経済同友会が2017年8月に発表した「Well-Being新産業創造と世界最高水準の『日本型ＩＲ』に向けた夢洲まちづくりへの提言」では、ライフログに関する制度や市場が整備中であるため、夢洲を個人情報管理の規制緩和をした特区にしたい、と求めています。

つまり、現行の個人情報保護法は産業を生み出すのに足かせになると言っているのです。彼らが提言しているライフログの定義を見ると、医療データまで含んでいることがわかります(図15参照)。

取り扱いに気を付けるデータの規制緩和となると、影響が大きい話であるように思うのですが、資料を読んでも、現行法の何が問題で、どんな規制緩和をしてほしいのか、条文を明記して「こう変えてほしい」と提案しているわけではありません。**これでは議論にならず、いたずらに時間が過ぎるだけでしょう。**

こういう圧力団体からの要望の多くは、「このままでは産業が育たない」「このよう

◉図15　提言内で収集、活用しようとしているライフログの例

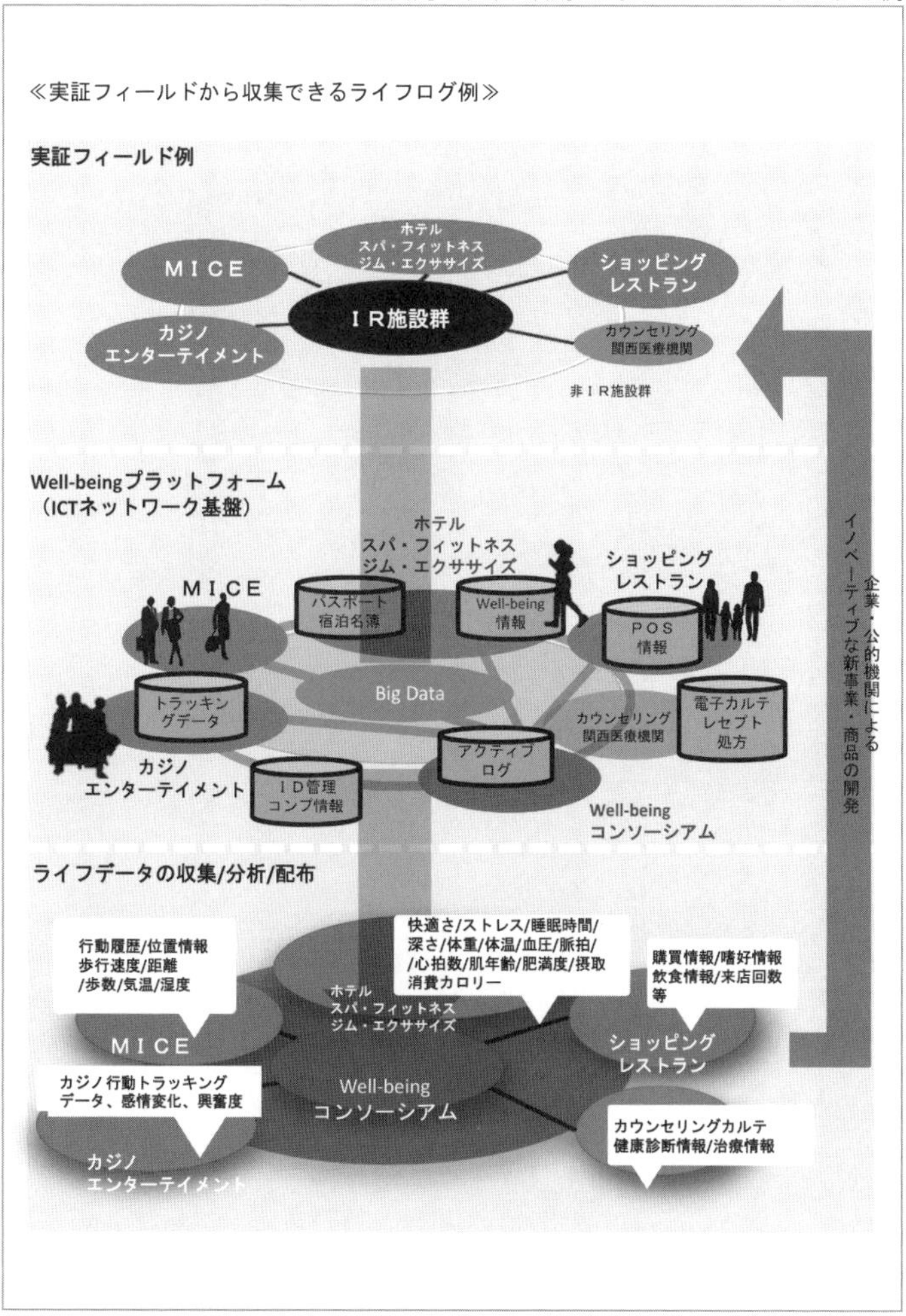

※出典：関西経済同友会
『Well-Being新産業創造と世界最高水準の「日本型IR」に向けた夢洲まちづくりへの提言』
（http://www.pref.osaka.lg.jp/attach/29985/00000000/5-h1-1.pdf）

な規制では米国に負ける」というクレームや恫喝であり、それは人工知能の分野においても同じです。「このままじゃダメだ」と駄々をこねれば何とかなると思っている節があります。

その代表例が**「日本の著作権法は厳しい。だから日本からGoogleが登場しなかったし、Googleに負けた」**という大きな間違いです。私はWindows 95時代からインターネットを利用していましたが、「あのとき使ったgooやフレッシュアイは日本生まれではないか？」と疑問に思いました。

Googleが最後発ながら、あっという間に市場を席巻したのは、圧倒的な精度の良さや、当時としては公平性が高かった「ページランク」というウェブページの評価指標、増え続けるウェブページをクロールするインフラ、これらの資金をまかなう検索連動広告があったからです。**いわば技術力と資本力で負けたのです。著作権法は何の関係もありません。**

著作権の目的は、著作権法第1条にある通り、著作者の権利を必要に応じて保護することによって文化を発展させることです。確かに実証実験のしやすさなどといった面で、法律が足かせになるケースがあるかもしれません。しかし、法律やプライバシーの問題をクリアしないことには、万人に受け入れられるサービスにもなり得ません。

私には個人情報保護法を、人工知能関連のサービスを作れない言い訳にしているように聞こえてしまうのです。

人工知能には「ビッグデータ」が必要なのか

ちなみに人工知能にはビッグデータが必要であるという主張は、間違っていないのですが、ビッグデータがあったからといって人工知能が活躍するとも限らないのです。

2012年ごろからビッグデータという言葉が注目を集めはじめて、データ活用においてはVolume(量)、Velocity(頻度)、Variety(種類)、これら3つのVが大切だと、さまざまな人が訴えていました。

今となっては**「量ばかり追いかけてもダメ」「高頻度で発生するなら多少は欠落してもよさそう」「最初は種類が大事だけど、ずっとあらゆる種類のデータが必要なわけではない」**といった、地に足の付いた議論がなされるようになってきたと私は思っています。

まず数年かけてわかった現実として、計測のたびに値が変化するなどの精度が低いデータは、どれだけ集めても「ゴミ」に変わりありませんでした。「量が多ければ相関関係が見えるかもしれない！」という主張も一部にありましたが、本当に相関があるなら量が少なくても相関は表れるし、精度が悪ければそもそものデータが信用に足るかがわかりません。

データの量を求めるか、質を追求するか――これは二律背反の話ではなく、担保しないといけない質を定義してから、量を求めていくという条件の定義です。量さえあれば質は関係ないという話ではありません。「機械学習で精度の悪さを補正できる」という意見もありますが、すべてを賄えるわけではありませんし、非効率的でしょう。

データの種類（多様性）についても疑問が残ります。種類が豊富であることに越したことはないですが、何でもかんでも分析に使えばいいというわけではありません。その代表例が「ディープラーニング」です。

ディープラーニングは計算で出た値に対して、その原因を論理的に説明しづらいため、ビジネスの現場で使いにくい面があります。

私は以前、とあるデータコンペで、列車到着の遅延予測モデルを作成するプレゼンに参加したことがあります。上位になったモデルの中に「理由は不明だが、1日前の北関東の天候が都心の遅延予測に有効」という内容のものがありました。

この発表のとき、会場がとても微妙な雰囲気になったのを覚えています。確かにそうだったとしても、論理的な理由がないロジックに判断を任せられるのか。失敗をしたときに誰が責任を取ればいいのでしょうか。**さまざまな種類のデータを取れば、分析は何とかなる、という話ではないのです。論理的でない分析はビジネスの現場では使えません。**

論理的説明ができる範囲に限ってデータを計測すべきケースも多いですし、論理性を求めるレベルによっては、そもそもディープラーニングを使わない方がいいこともあるでしょう。あるいは、対象とする特徴量を事前に選定するという作業は、結局人間がやることになるのかもしれません。

確かに人工知能に良質なデータが必要なのは事実ですが、必ずしも〝ビッグ〟である必要も、多様である必要もないということです。「あればそりゃ精度は上がりますけど、どうなんでしょう……」という反応を示すエンジニアは多いのではないでしょうか。

「人工知能にはビッグデータが必要なのに、個人情報保護法が邪魔をしている！」と声高に主張されている人の多くは、コンサルタントや経営者であるように思います。

実際に現場で人工知能を作っている人間が、そうした活動をどれだけ冷ややかな目で見ているか、一度、後ろを振り返るのもいいかもしれません。

まとめ

人工知能にとっては、確かにデータだけが差別化要因で、貴重な価値があります。もし個人情報保護法が足かせで人工知能が作れないなら、具体的にどうするべきか説明するべきです。今のところは人工知能が作れない言い訳のようにも聞こえます。ビッグデータも必要ではありますが、データの質が担保されてこそ重要だと言えます。精度の悪いデータが山のようにあっても意味はほとんどありません。データさえあれば何とかなると考えるのは、現場の状況をあまり存じ上げない人の意見に多いようです。

第5章
人工知能が「倫理」に与える影響

AI
ARTIFICIAL INTELLIGENCE

人工知能が過度に発達した結果、心を持ったらどうするのか？

人工知能が活躍している範囲が増えているので、今より精度が高まり、ハードの性能が上がれば、いずれシンギュラリティと呼ばれる瞬間を迎えるころには「人間のように心（自我）を持つのではないですか？」と思う人は少なくありません。

この話は「自我を持った人工知能が人間に反旗を翻して、戦争を起こすのではないか？」という脅威論のベースにもなっています。こうした心配が広がるのは「心を持つロボット」というモチーフの物語が世に数多くあるからだとも思うのでしょう。

しかし、実際に人工知能を開発しているエンジニアからすると、「そんなバカな……」と失笑するレベルで、非現実的な話なのです。

しかし、実際にPepperやチャットボットとの会話を経験した人は真剣そのものです。私も次のように問い詰められた経験があります。

「会話が通じており、コミュニケーションがちゃんとできている。まるで相手に心があるように感じた」「このまま人工知能が進化したら、完全な会話もできるようになるだろう。そのとき、本当に自我を持たないと言い切れるのか？」

可能性がないことを完璧に証明するのは、不可能です。消極的事実の証明という意味で「悪魔の証明」とも言われています。ありえない事象を、ありえないと説明するにはどうしたものかと頭を抱えてしまいます。その姿を見て「ほら見たことか」と勝ち誇った顔をする人工知能批判論者は意外と多いのです。

人工知能を作っている開発者たちは「ありえない」と頭ごなしに否定しているのに、作った経験がない人達が「心が芽生えるかもしれない！」と訴える。この「差」は何が原因なのでしょうか？

そもそも「コミュニケーション」とは何か？

自我について考える前に、まず人工知能に心が芽生えると考えてしまう理由について考察しましょう。それは「コミュニケーション」に鍵があります。

Pepperやチャットボットとの会話を経験した人が、コミュニケーションができたと感じてしまう理由は一体何なのでしょうか。経営学の大家であるピーター・F・ドラッカーは、次のように定義しています。

「無人の山中で木が突然倒れたとき音はするか」との問いがある。今日われわれは、答えが「否」であることを知っている。音波は発生する。だが音を感じる者がいなければ、音はしない。音波は知覚されることによって音となる。ここにいう音波の知覚こそコミュニケーションである。（中略）

コミュニケーションを成立させるのは受け手である。コミュニケーションの内容を発する者ではない。

（「マネジメント（中）」より）

ドラッカーの言葉を借りれば、Pepperやチャットボットはあくまで音波を出すだけの存在と言えるでしょう。Pepperやチャットボットは、ユーザーが発した文章に対して、あらかじめ用意された解答群の中から最適な答えを選び出し、それを言っているにすぎません。まさに単なる音波です。

このケースでは、コミュニケーションを成立させるのは受け手である、われわれ人間です。つまり、Pepperやチャットボットとのやり取りを通じて「自分の意図が伝わった」「対話ができた」「交流できた」と受け手である私たちがそう感じればコミュニケーションは成功です。**誤解を恐れず言えば、機械と会話できていると錯覚しているわけです。**

もちろん、プログラムの作り手は、受け手がコミュニケーションできていると錯覚するように工夫します。返答内容の精度が高く、「まるで人のようだ」と認識されると、エンジニアはとても喜ぶわけです。

特に「受け手の知覚が重要である」という認識が広まってからは、受け手が違和感を抱かないようにする工夫が重要視されています。

たとえば、日本マイクロソフトが開発している人工知能「りんな」に対して「乳首ドリルすんのかい、せんのかい」とメッセージを投げかけてみてください。

関西人であれば「ドリルすんのかーい！」と返すはずですが、りんなは「【◎◎】って言ったの？」などと、こちら側の意図（文脈）とずれた解答を返す場合が多いです。

一見会話が成立してないようにも聞こえますが、エンジニアが最も避けたいのは、コミュニケーションをするモチベーションを削いでしまう「わかりません」といった無味乾燥な答えなのです。

コミュニケーションにおいて重要なのは、発信された内容を〝知覚した〟と送り手に理解してもらうことです。そのため、質問に対する完璧な解答が用意されていない場合でも、それっぽい言葉を返すような工夫が施されています。

また「女子高生人工知能」という設定上、少しくらい的外れな解答をしても、面白がる人は多いように思いますし、一般的な女子高生が知らないような、難解な単語の意味を完璧に答えられても、キャラクターが持つバックグラウンドや世界観が崩れてしまうでしょう。

したがって、東京出身という設定のりんなが「ドリルすんのかーい！」と返せなくても、それはそれで設定に沿っているとも言えます。

こうした細かな芸や努力の積み重ねで、多くの人は「人工知能とコミュニケーションが成立している！」と感じ、驚くのです。

Pepperの記者発表会で、孫社長と流ちょうにコミュニケーションをしているように見せるために「よしもとロボット研究所」が演出を手掛けたのは有名な話です。

こうした背景があるため、「このまま人工知能が高度に発達して、自我が芽生えたらどうするのか」と問われても「話が飛躍している」と戸惑ってしまうのです。エンジニアからすれば、「子供のころに遊んでいた、しゃべる人形が心を持ったらどうするの？」と聞くのと同じようなことです。それはアニメの世界の話です。

「チューリングテスト」と「中国語の部屋」

「機械を人間のように錯覚する勘違い」に対する取り組みと批判は、実は古くからあります。1950年にはアラン・チューリングが「Computing Machinery and Intelligence（計算する機械と知性）」という論文の中で、「機械は人間のように思考できるのか」「機械に知能があると言えるのか」を判定するためのテストを提案します。

それが、かの有名なチューリングテストです。

テストの内容は極めて単純です。審査員が、隔離された部屋にいる人間と機械に対して、それぞれ会話を何分間か行います。会話を通じて機械と人間との確実な区別ができなかった場合、機械はテストに合格し、人間と同じように思考できたことにする、というものです。

つまり、チューリングは「機械は思考できるのか」という問題を「機械は人間と同

じように対話できるのか」という問題に代替したのです。

そのため、チューリングテストでは、人間も機械も人間らしく振る舞います。機械は「人間だと思われるフリ」をしますし、人間は「本当に人間だと信じてもらおう」とします。とはいえ、声色の差で機械だと見抜かれては意味がないので、あくまで、会話は文字のみとなります。まさに検証環境はチャットボットと似ていますよね。

この思考実験に対して、真っ向から反論したのが、米国の哲学者ジョン・サールです。彼は「機械は知能があるかのように受け答えをしているが、意図を理解せずに答えているだけなので、知能があるとは言えないだろう」として「中国語の部屋」という思考実験を提唱しました。その内容はこうです。

英語しか理解できない、中国語は文字というより記号にしか見えない人間が部屋にいるとします。部屋には、英語しか理解できない人でも、中国語で受け答えができてしまう完璧な説明書があります。その説明書には「○▽△■」と書かれた紙が投げ込まれれば「■××○○」と書いて出せ、と書かれています。その記号は実際には中国語なのですが、中国語が読めないので実際には同じようなものなのです。

もし、部屋の外から中国語で質問を投げかけ、その説明書を見ながら中国語で返答した場合、その意味はわかっていなくても、本人が中国語ではなく単なる記号だと考えていても、対話が成立しているように見えます。ですが、解答者はやり取りしている意味をわかっていません。

「いくら人間らしく振舞おうとしても、意味をわからずに解答しているなら、果たして知能があると言えるのか？」という反論です。もっともな指摘であるとして、長らく哲学の世界では人工知能批判として受け入れられてきました。

ただし、そもそも人間同士ですら相手が内容を理解していると証明できないのに、対人工知能の思考実験とはいえ、細かく条件を設定した上で「ほら、意味がわかってない！」と決めつけるのは、大人気ない感じもします。

そして、繰り返しになりますが、コミュニケーションを成立させるのは受け手です。内容を理解している・していないに関係なく、受け手が知覚して、コミュニケーションが成立していると感じれば成功なのです。

もしかしたら、知能を証明するために人間と錯覚するような会話するというテスト自体が悪手なのかもしれません。

✿機械に「自我」があることは証明できるのか？

自我というのは自己意識、つまり、自分が認識する自分のことです。まさに、「我思う故に我あり」というところでしょう。

それでは、職場の同僚の「自我」は証明できるでしょうか。**私以外私じゃないのですから、どうやって他人の「自我」が証明できるのでしょうか。それは屏風に逃げ込んだ虎を縛り上げるようなもので、実現不可能ではないでしょうか。**

普段会話している同僚は自分と同じ人間だから、同じく自我があると勘違いしているだけかもしれません。もう一度、隣を振り返ってみてください。おや、同僚の顔の皮膚がはだけて、そこから機械のようなシルバーグレイの鋼鉄が見えていませんか……？

私の祖母は認知症にかかり、晩年は私のことも含めて、ほとんどのことを忘れてしまいました。それでも毎日、食事をし、決まった時間に寝ています。生きているのです。私の知っていた祖母ではありませんが、祖母は存在しているわけです。

こうした経験から、私は「自我」への見方が変わりました。自分に自我があるからといって、相手にも自我あるかどうかは、証明できないというのが私の下した結論です。ならば、目の前に対峙する人工知能もまた、自我があるかどうかは証明できないのではないでしょうか。

私は「人工知能に自我なんて芽生えようがない！」と思っていますが、その証明は人間同様に難しく、哲学的な面もあります。少なくとも、現存する技術の延長では不可能と言っても過言ではないでしょう。しかし、それと自我を証明する思考実験はまた別かもしれません。

人工知能の研究は、人間の研究でもあります。**多くの技術者が否定をしても、人工知能に自我が芽生える可能性を感じてしまうのは、われわれ自身が人間のことをまだ理解しきれていない、という証明なのかもしれません。**

まとめ

「コミュニケーションとは知覚」だと考えて、心があるように錯覚するプログラムを作っているので、むしろ「自我があるようだ」と思ったなら嬉しいと感じるエンジニアは多いでしょう。どんなに人工知能が発達しても「心」なんて持ちようがないと考えているエンジニアは多いですが、一方で「自我」「心」とは何かを人間がまだ理解できていないのかもしれません。他人の「自我」なんて証明しようがないのと同じで、また人工知能の「自我」もまた同じように証明しようがないのかもしれませんね。

人工知能は所詮、機械なんだから倫理なんかどうでもいいのか？

人工知能脅威論でよく出てくる「人工知能に人間が駆逐される」という意見に対して、私は「人工知能は単なる機械であり、心、自我があるように振る舞っているにすぎない」というお話をしました。

現存の技術の延長上では、どんなに高度なプログラムが組まれていたとしても、人工知能はプログラマーが想定した用途を大きく超える進化を遂げて、予測できない判断をとることはありません。ましてや彼らの自律的な判断によって、制御が困難になることはないでしょう。

したがって、意思を持った人工知能に駆逐されるというディストピアは心配するだけ無駄だと考えています。私たち人間が、機械を使いこなせばよいだけなのです。

しかし、私の友人からは、次のような意見をもらいました。

「人間が人工知能に駆逐されるディストピアは、自我の有無とは関係ない。人に危害を加えようと、悪意を持つ人間によって開発される人工知能が問題なんだ。それ

が今、最も可能性の高い問題だろう」

✿人工知能を作り、使う人間側に問題はないのか?

人工知能を作る人間の手に「悪意」が潜んでいたら、それは作った人間に問題があるのか、それとも動作した人工知能に問題があるのか。これは非常に難しいテーマです。

この問題に関し、人工知能の利用と開発について「規制」をすべきだと主張する人もいます。テスラモーターズの創設者であるイーロン・マスク氏です。一方で「人工知能は人を助ける」と主張する人もいます。FacebookのCEO、マーク・ザッカーバーグ氏です。

考え方、価値観のまったく違う両者の論争は有名です。先日、Twitter上でイーロン・マスク氏が**「I've talked to Mark about this. His understanding of the subject is limited.」(私はこの件でマークと話をしたことがある。彼は十分に理解しているとは言えない)**と批判し、大きな話題になりました。

イーロン・マスク氏はもともと、人工知能に対しては距離を置いた発言を繰り返しています。

2015年7月には「自律兵器に対する公開状」が発表され、その中の1人にイーロン・マスクが名を連ねています。その内容は極めてショッキングなものでした。

> 致死性自律的兵器は、戦争に第三の革命をもたらします。一度開発されてしまえば、武力による紛争はこれまで以上の規模で、人間の理解を超えた速度で行うことが可能になります。これらの兵器は、恐怖の兵器になり得ます。テロリストなどの武装勢力が無防備な一般市民に使用する可能性や、ハッキングによる望ましくない結末も起こり得ます。
>
> （「自律兵器に対する公開状」より、一部抜粋）

この忠告は、実際に人工知能を開発しているエンジニアからすると、「そんなバカな……」と失笑するレベルの非現実的な話でしょうか。私はそうは思いません。

✿明確な悪意を持った人間が、人工知能をテロに使ったら?

ディープラーニングによる画像認識の精度が格段と高まって以降、人間の見た目からの特徴量抽出は大きな進化を遂げています。

たとえば先日、スタンフォード大学の研究チームが「Deep neural networks are more accurate than humans at detecting sexual orientation from facial images」と題したレポートを発表し、大きな話題を呼びました。

このレポートでは、3万5326枚の顔画像をディープラーニングで解析させた結果、男性は81%、女性は74%の精度で、同性愛者か異性愛者かを的中させたと報告しています。人間が目視で行ったところ男性は61%、女性は54%の精度だったとのことで、人間を越える的中率となりました。

この結果こそ、多くの人からすれば「そんなバカな……」と呆然とする話ではないでしょうか。

これと同じように数千枚の顔画像を学習データとして、特定の宗教を信仰するか否かをディープラーニングで解析させ、その結果を学習したモデルを内蔵した銃搭載型ドローンが何十台も街中に飛び回ったらどうなるでしょうか。

市街地を動き回る人を見て「特定の宗教を信仰していない」と判断すれば銃で撃つ。果たしてこれは夢物語でも空想でもありません。画像認識の精度は高まり、今やYOLO（You Only Look Once：速度に特化した画像検出・認識用ニューラルネットワーク）などを用いれば動画認識も十分に可能です。

汎用的な人工知能の誕生を待つまでもなく、ディープラーニングの兵器への転用は、時間とお金さえあれば、さほど難しくない話です。少なくとも「人工知能は心を持つか」という思考実験より現実的な話でしょう。

「一度開発されてしまえば、武力による紛争はこれまで以上の規模で、人間の理解を超えた速度で行うことが可能」という表現は、あながち大げさな話ではないと考えています。

たかが「機械」、されど「機械」

人工知能もそうですが、道具というのは、使い方を誤れば人を傷つける危険性があります。包丁だって自動車だってそうでしょう。それでも、その道具が市場に出回っているのは、こうしたリスクを上回るメリットがあるからです。

このリスクを減らすために、さまざまな教育や規制が敷かれています。たとえば、自動車が免許制になっている理由の1つは、運転の技量を高めて人に危害を加えないためです。運転免許を持たない人でも、幼稚園か小学生のころに「交通安全教室」と題して、道路の横断に関する講習を受けた記憶はあるはずです。

包丁や自動車といった道具は、実体があるため「危なそうだ」とすぐにわかりますが、人工知能はあくまで総称であり、実体も見えにくいため「使い方次第で危ないぞ！」という意見だけではピンと来ない人も多いかもしれません。

しかし、それは車を動かすエンジンだけを見せて「これで人に危害が加わる可能性がある」と言っても、本当に危ないものだと思えないのと同じかもしれません。車体が完成し、速度が出せるとわかってはじめて、その脅威が現実となります。

人工知能にも同じことが言えるでしょう。明確な悪意を持った人間がプログラムを悪用しない方法を、今のうちに考える――これは、イーロン・マスク氏が言うように、完成してからでは遅いのです。

人工知能を「妄信」してはいけない

人工知能が人間に被害を及ぼす、という意味では別のリスクもあります。本書で、私は繰り返し「人工知能という機械（道具）を使いこなせばいい」と主張しています。**しかし、これまで私たちは、最初から未知の道具を最初から安全に使いこなせてきたのでしょうか。最初のうちは失敗を繰り返し、修錬を続けて、やがて習得できたはずです。最初から使いこなせていたわけではありません。**

たとえば、1986年ごろから警察の捜査に採択されたDNA型鑑定は、鑑定結果を妄信したがために1990年に足利事件というえん罪を生んでいます。

当時の技術では、まったくの別人であっても1000分の1や2の確率で、DNA型も血液型も一致する可能性があったと日本テレビが報道しています。これは、犯人であると断定する論拠としては精度が低い技術といえるでしょう。**「DNA型鑑定の精度が高まるまでの過渡期で、やむを得ない」では済まされない、重大な人権侵害です。**

現在の人工知能を構成する技術の中心であるディープラーニングも万能ではありません。限界があります。処理の結果として出てきた答え（数値）に明確なロジックがない――端的に言えば、なぜ人工知能がその答えを選択したのか人間に理解できないのです。

したがって、説明が必ず求められる案件、特に人命に関わるような場面では、今のところディープラーニングは避けられる傾向にあります。あるいは医療業界の画像診断のように、人間と人工知能が協力する場合もあります。

しかし、今後ディープラーニングが世の中に浸透する中で、今まで忌避していた分野でも「もう大丈夫かも」と使われ始める可能性はあります。

先日、中国で人工知能による犯罪者追跡システム「天網」の一部が、ウェブ上に公開されて話題になりました。高解像度のカメラが街中の光景を鮮明に撮影し、人工知能が解析します。道行く男性に添えられた「男性、40歳、黒のスーツ」というキャプションは、近未来の姿を予見させるには、十分なものでした。

天網では、取得した顔情報をデータベースに登録されている指名手配犯の顔写真と照合し、自動通報まで行えるようです。さらに「信号を無視した自動車」や「いきなり走り出す通行人」なども識別可能で、一般的な犯罪の抑止や、証拠収集にも活用できるという触れ込みです。

たとえば、人工知能の顔認証システムで誤認識や誤検知が起きて、あなたの顔が「指名手配犯」と識別され、拘留される可能性は本当にないのでしょうか。「ウソをつくなよ。人工知能がお前は指名手配犯だと言っている！」と警察に追求される可能性は本当にないのでしょうか。

もし犯罪防止や治安維持を名目とした日本版天網が完成すれば、どんな日常が訪れるでしょうか。恐らく反政府イベントの写真を人工知能に学習させて、極めて低コストの公安警察が誕生するでしょう。反原発イベントでマイクを握るだけで、どこで何をしているのか半永久的に記録に残り続けるかもしれません。

ディープラーニングがどんな技術で、どんな特徴（長所や短所）があるのか。それをすべての人が知る必要はありません。しかし、「ディープラーニングを内蔵したサービスは、何ができて何ができないのか」については、すべての人が知る権利と義務があるはずです。

人工知能は何かわからないけどスゴいらしい――こうした妄信こそ、ディストピアを招く下地だと考えるべきです。人工知能自体には倫理観も正義感もないのです。単なる機械です。作る側の人間がどう作るかがすべてなのです。

最後に、最高裁判所が設置する研修期間である「司法研修所」が２０１３年1月に公表した『平成22年度司法研究「科学的証拠とこれを用いた裁判の在り方」について』の骨子をご紹介します。読者はこれを読んで、どう思われますか？

また、ＤＮＡ型鑑定の成果を用いて正しい判断をするためには、その理論、技術の到達点と限界を正しく理解することが不可欠である。理論的根拠が納得し得るものであるということだけで、検査結果とその持つ意味を過信・過大評価してはならない。

まとめ

悪意を持った人間によって人工知能が開発されれば大問題に発展します。実際、ディープラーニングの兵器への転用は、時間とお金さえあればさほど難しくありません。人工知能を過信せず、過大評価しないためにも、どうやって作るのかはわからないにしても、何ができるのか・何ができないのかは知っておくべきです。人工知能だって間違えることはありますが、それを無視して「人工知能が犯人はお前だと言っている！」と頭ごなしに犯人だと決めてかかる行為はえん罪を必ず生みます。

第6章
人工知能が「教育」に与える影響

人間らしさを身に付けるための教育は必要か？

仕事に欠かせない高度な技術や能力を身に付けたとしても、その仕事自体が人工知能によって奪われて、失業してしまうかもしれない――。

こうした将来予測は、われわれ人間が「人工知能」と付き合う上で免れない課題です。そんな状況を踏まえて、来るべき人工知能時代に求められる能力はどういうものか、という話題は尽きません。

以前は「人工知能を作れる人間になる」「作る側も使う側もＳＴＥＭ教育（科学＝Science、技術＝Technology、工学＝Engineering、数学＝Mathematicsといった理工系教育分野の総称）は当たり前」という声が多かったようですが、最近では**「人間らしさを身に付けるために人間力こそ必要だ」**という声も増えてきています。

人工知能の能力に対して、人間にしかできないことを示すのに使われることも多い「人間力」という言葉、実は意外と古くから使われているのです。

この言葉が使われ始めたのは、１９８０年代とも言われています。行政文書にも今から14年前の2003年に登場しました。**内閣府に設置された「人間力戦略研究会」がまとめた報告書で、人間力とは「社会を構成し運営するとともに、自立した一人の人間として力強く生きていくための総合的な力」と記載しています。**

その報告書では、人間力を構成するものとして、具体例に「知的能力」「社会・対人関係力」「自己制御力」が挙げられています。文部科学省が制定している2017年時点の学習指導要領では、子どもたちの「生きる力」(=知・徳・体のバランスのとれた力)の育成を目標にしていますが、この理念を発展させ、具体化したものが人間力であると、同報告書では説明しています。

「CDのサイズは12センチ」を決めた「バリトン歌手」の視点

人間力の具体的内容を考える上でヒントになるのは、2014年5月6日に開催されたOECD閣僚理事会での安倍首相の演説です。安倍首相は、コンパクトディスク(CD)の直径が12センチである理由を取り上げるのです。

1979年当時、CDを共同で開発していたソニーとフィリップスで、サイズの規格に対する意見が食い違っていました。フィリップスは最大収録時間が60分となる「11・5センチ」を主張しましたが、ソニーの大賀副社長（当時）が主張したのは「12センチ」。それは70分近くある「ベートーベンの第九」を1枚のディスクに入れるためでした。

最終的には、世の中に流通している上着のポケットの大きさまで調べ、最大で74分42秒が収録できる12センチに決着したわけですが、この話を紹介した後、安倍首相は次のように締めくくります。

「エンジニア」とは異なる「バリトン歌手」の視点があったからこそ、コンパクトディスクが生まれたわけです。「エンジニアリングだけがイノベーションを生み出す」という発想を、まずは捨てねばなりません。社会は複雑化しています。経営学や心理学の知見、文化への造詣など、幅広い素養が求められる時代です。

「技術だけわかっていてもダメ！」という論旨には同意するのですが、だからこそ「幅広い素養」ではなく「リベラルアーツ（Liberal Arts）」と表現してほしかったと思います。素養という言葉では、積み重ねた知識、技能という意味になり、単に〝物知りさんがすごい〟という意味にもなりかねません。

すべての専門知識の根幹「リベラルアーツ」

リベラルアーツとは、言語に関する「文法」「修辞学（弁論術）」「論理学（弁証法）」の三学と、数学に関する「算術」「幾何」「天文」「音楽」の四科、合わせて7つの科目で構成されます。

この由来は古代ローマ時代にまでさかのぼります。古来、技術は奴隷人が身に付けるべき「機械的技術（artes mechanicae）」と、自由人が身に付けるべき「自由諸技術（artes liberales）」に区分されていました。後者がリベラルアーツの大本になっています。

奴隷人と自由人というのは物騒な表現に思われるかもしれませんが、これは土地を収奪し続けたローマの特性から生じたものです。吸収合併した土地に住む人が「奴隷人」、もともとローマの土地に住んでいた人が「自由人」だと考えるとわかりやすいでしょう。日本の江戸時代でいうところの「外様大名」と「譜代大名」の差みたいなものです。

奴隷人は生きるために仕事をしており、だからこそ機械的技術（工芸などの技術）を必要としていました。一方の自由人は生きるために生きていました。だからこそ「僕らはなぜ生きるのか？」という哲学が流行し、そのための基礎知識として自由諸技術を必要としていました。ちなみに、哲学はリベラルアーツ7科の上位に位置付けられています。

やがて中世以降、リベラルアーツは欧州の大学制度において「人間が身に付けるべき最初の芸術」と見なされるようになり、今日では「学士過程における基礎分野を横断的に教育する科目」となりました。日本の大学では「一般教養」という名前で授業が開かれています。

芸術と聞くと、絵画や骨董などを思い浮かべるかもしれませんが、欧米では、人の手によって作られたもの全般を芸術(arts)、神の手によって作られたもの全般を自然(nature)と分類します。

この分類に準拠すると、絵画も音楽も歴史も法律も経済もすべて芸術となります。

つまり、リベラルアーツはすべての専門知識の根幹を成すものなのです。

人工知能時代に必要なのは「リベラルアーツ」だ

何かを行おうとする際に、最初に必要な学問がリベラルアーツならば、専門的な技術である「機械的技術」はその先に必要な学問です。リベラルアーツがあってこそ、初めて専門知識を使えるようになるといっても過言ではありません。

そのため、私はリベラルアーツこそが人間力であり、人工知能時代を生き抜くのに欠かせない能力だと考えています。そして、大学では機械的技術よりもリベラルアーツ教育をもっと重視するべきだと考えています。

リベラルアーツでは三学四科を通じて、本質を見る目を身に付けます。たとえば、月が満ち欠けするのは、月自体が消えたり生まれたりしているのではなく、地球の周りを回ることで影が生まれて欠けているように見えるだけです。

満ち欠けは現象であり結果です。月の公転軌道は本質であり原因と捉えられます。

不変の「本質」と可変の「現象」を見極める――現象や結果にばかり目を向けず、原因や本質は何か、それを論理的に思考する能力を養うのがリベラルアーツなのです。

原因や本質は目の前に必ず現れているとは限りません。そこまで洞察して考えられる力こそリベラルアーツと言えるでしょう。

中世の欧州では、先に挙げた7科がそれに該当しましたが、現代はもっとふさわしい科目があるかもしれません。各科目はそれ自体を極めるのが目的ではなく、本質を見抜く訓練として適しているにすぎません。

変わりゆく機械的技術は、陳腐化してしまえば価値が下がってしまいます。一方のリベラルアーツは不変の本質なので変化しません。一生使い続ける技術とも言えるでしょう。

人工知能を始めとするITが発展すれば、専門知識が陳腐化し、不要になるかもしれません。だからこそ、その土台を担う不変のリベラルアーツが必要になるのです。

人工知能に使われる大人を生み出す「大学」でいいのか

昨今、機械的技術が爆発的に進歩したおかげで、リベラルアーツは軽視される傾向にありました。しかし、その専門性ばかりを重視していると、真に向かうべき目的を見失うこともあります。人工知能だってその応用方法を間違えれば、誰にも必要とされないものになってしまうかもしれません。

これは経営についても同様です。最新の技術で市場を席巻した企業は、再び現れた最新の技術に退場を命じられます。他界したスティーブ・ジョブズはそうした流れを理解していて「Technology × Liberal Arts」という言葉を多用していました。この意味を私は**「陳腐化してしまうかもしれない最新の技術も、普遍の技術も、両方を追い求める、真の意味で芸術がわかっている企業である」**というメッセージだと私は考えています。

大学もその動きに呼応するように、リベラルアーツ教育を行うところが増えてきました。たとえば、東京工業大学では「リベラルアーツ研究教育院」が設けられており、特命教授として池上彰氏も就任しています。

しかし、安倍首相は先ほど紹介したOECD閣僚理事会での演説で、CDの事例を紹介した後に、次のように述べています。

日本では、みんな横並び、単線型の教育ばかりを行ってきました。小学校6年、中学校3年、高校3年の後、理系学生の半分以上が、工学部の研究室に入る。こればかりを繰り返してきたのです。しかし、そうしたモノカルチャー型の高等教育では、斬新な発想は生まれません。

だからこそ、私は、教育改革を進めています。学術研究を深めるのではなく、もっと社会のニーズを見据えた、もっと実践的な、職業教育を行う。そうした新たな枠組みを、高等教育に取り込みたいと考えています。

技術しかわかっていないから斬新な発想が生まれない、だから職業教育、実学教育を推進するというのです。ちょっと近視眼過ぎないでしょうか。

技術しか知らないというのは「Technology × Liberal Arts」の片方が欠けているという意味です。ならば必要なのはリベラルアーツで、社会ニーズに合わせた職業教育はピントがずれています。もし学問を産業の役に立つか、立たないかでしか判断できないなら、人間の生きる意味を労働か金銭にしか置き換えられないのだとすら思えてきます。

多くのビジネスパーソンが、Pythonでプログラムが書けたり、TensorFlowが使えたりする必要はないでしょう。それはあくまで専門知識だからです。**しかし、それらを使って何ができるか、何ができないかは、学び、知る必要があります。それがリベラルアーツです。**

しかし、多くのビジネスパーソンが「プログラムは書けないから」「難しいことはよくわからないから」という理由で、本質を学ぶ努力を放棄しているのが現状です。

人工知能という道具を使うための知識を得られなければ、人工知能に使われる側に回るのがオチです。言われた通りの行動しかとらない人を、ロボット人間と表現します。まさに人工知能以上の価値がない人間を指します。

人工知能には備わっていない知性を持たない人間とはまさに、目の前に必ず現れているとは限らない本質を読み解けない、リベラルアーツを持っていない人間を指すのではないでしょうか。

まとめ

「人間らしさ」を身に付けるために必要なのは、職業教育ではなく、リベラルアーツ教育です。リベラルアーツとは、不変の「本質」と可変の「現象」を見極める思考力を養ってくれます。変わりゆく「機械的技術」はリベラルアーツという土台の上に作られます。それを理解していた代表的な人物としてスティーブ・ジョブズを挙げたいですね。これからの時代は、プログラミングができなかったとしても、プログラミングで何ができるようになるかは学んでおく必要があるでしょう。

今すぐ人工知能のための教育を始めるべきなのか?

人工知能を作る人材は常に不足していると言われています。今後、人々の生活やビジネスに人工知能が普及していくにあたって、人材不足はより深刻になるでしょう。

経済産業省が出した予測では、ディープラーニングを含む機械学習などを習練した「先端IT人材」と呼ばれるエンジニアは2020年には約4万8000人が不足するとしています。人材不足は、人工知能のビジネス活用が遅れる要因の1つとして

◉図16 先端IT人材の不足数推計(みずほ情報総研の試算結果)

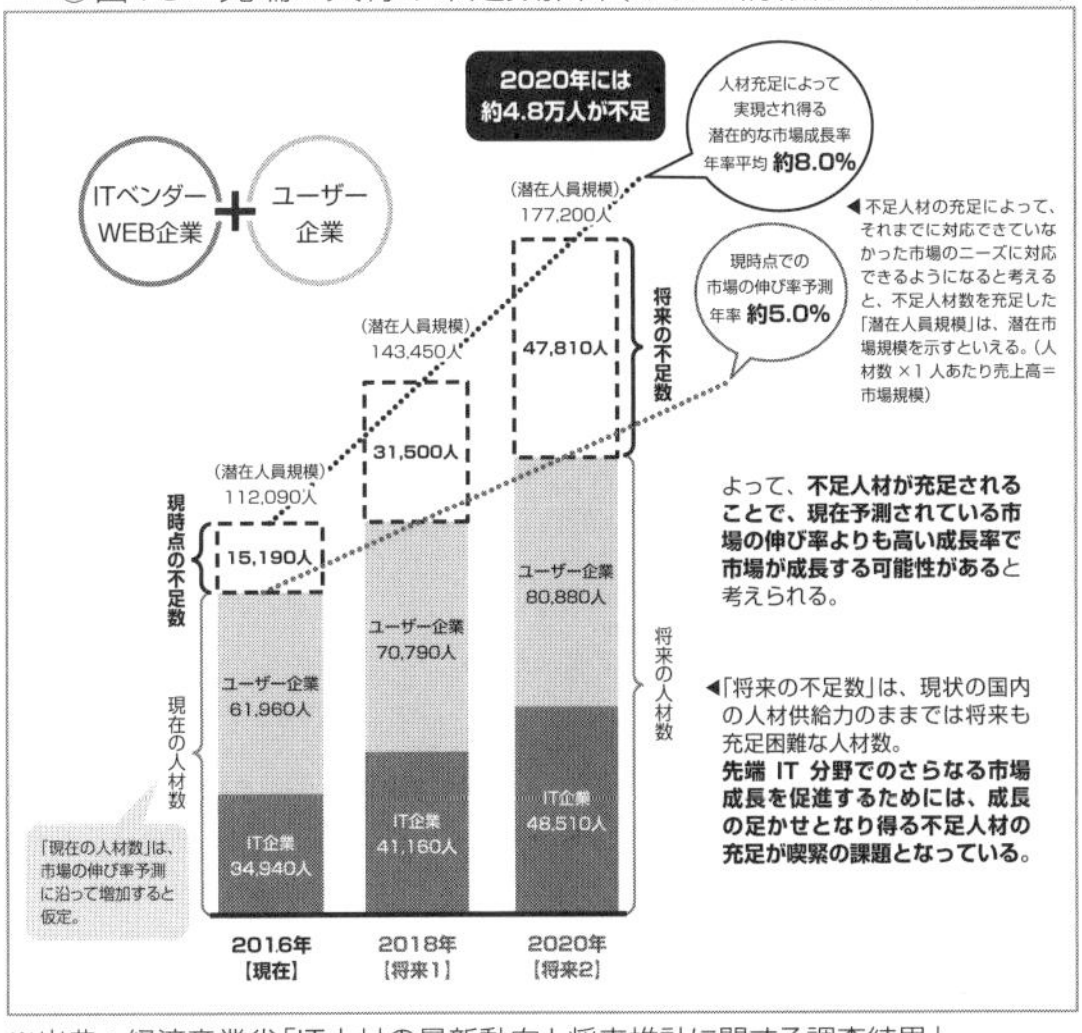

※出典:経済産業省「IT人材の最新動向と将来推計に関する調査結果」

挙げられるほどです(図16参照)。

そのため、すでに社会で活躍しているビジネスパーソンが1から学び直すだけでなく、「学校教育そのものの見直しが必要ではないか?」という声が上がっています。

実際、2012年に内閣に設置された日本経済再生本部では「第4次産業革命人材育成推進会議」が開催され、関係各省からあるべき姿が提案されています。

「今すぐ人工知能開発のための教育を実践していくべきだ!」と訴える評論家、エンジニアは多く、政府もようやく動き出しつつあります。それでは、政府はどのように対応しようとしているのでしょうか。

小学生に「プログラミング教育」、本当に実現できるのか?

まず、義務教育過程については、文部科学省の方針もあり、2020年度から小学校でプログラミング教育が必修となる予定です。ここまでコンピュータが浸透した社会なので、当然の流れとも言えますが、具体的にどのような授業を行うのかは、あまり知られていないようです。

名前だけを聞くと、小学生のうちからコーディングを学ぶようにも受け取れますが、そうではありません。同省は、プログラミング教育に対する有識者会議の結果を「小学校段階におけるプログラミング教育の在り方について」として公表しています。その中で、プログラミング教育について、次のように定義しています。

プログラミング教育とは、子供たちに、コンピュータに意図した処理を行うよう指示することができるということを体験させながら、将来どのような職業に就くとしても、時代を超えて普遍的に求められる力としての「プログラミング的思考」などを育むことであり、コーディングを覚えることが目的ではない。

ここで紹介している「プログラミング的思考」について、文中では**「自分が意図する一連の活動を実現するために、どのような動きの組合せが必要であり、一つひとつの動きに対応した記号を、どのように組み合わせたらいいのか、記号の組合せをどのように改善していけば、より意図した活動に近づくのか、といったことを論理的に考**

えていく力」と紹介しています。

私はこの方針に大賛成です。よくぞ言ってくれたと思います。

私は普段、ＰＨＰとPythonとＲでアプリのコーディングを行うのですが、言語そのものは命令文にすぎないと考えています。本当に大事なことは、コードが書けることではなく、自分以外の第三者でも理解できるコードを書ける論理力を養えるかどうかです。いくらコードが書けても、論理的なコードが書けなければ、早晩行き詰まるでしょう。

ただし、プログラミング教育の理念は素晴らしいのですが、これを誰が、どのような教材を使って、何を教えるのかは不透明です。

一応、先ほど挙げた報告書の文中にも、図

◉図17　プログラミング教育の指導例

科目	指導例
理科	身の回りには、電気の性質や働きを利用した道具があることを捉える学習を行う際、プログラミングを体験しながら、エネルギーを効果的に利用するために、さまざまな電気製品にはプログラムが活用され案件に応じて動作していることに気付く学習を取り入れていく
音楽	音楽づくりの活動において、創作用のICTツールを活用しながら、与えられた条件を基に、音の長さや音の高さの組み合わせなどを試行錯誤し、つくる過程を楽しみながら見通しを持ってまとまりのある音楽をつくる
総合学習	情報に関する課題を探求する中で、自分の暮らしとプログラミングとの関係を考え、プログラミングを体験しながらそのよさに気付く学びを取り入れていく

17のような指導例はあります。特定の科目として設けるのではなく、総合学習、理科、算数、音楽など、あらゆる授業で、プログラミング的思考を用いた指導を行う方針のようですが、具体性を欠いていると言わざるを得ません。抽象度の高い、誰も反論できない高尚な理念だけが先行しているとも言えます。

私の知り合いの小学校教師に話を聞くと、「先行的に始めている学校もあるが、何をやっていいかわからず、ExcelやPowerPointを触っている」とのこと。今のところ、その実態は街のＰＣ教室とさほど変わりません。

「都会はともかく、地方では先生がＩＴツールを使えない」「予算が硬直化しており、導入が難しい」という声もあり、現場でどうにかなるレベルではなさそうです。

中央教育審議会でも、プログラミング教育に対して賛否両論が巻き起こっているようです。中にはこんな意見もあり、「後は現場でよろしく」では、ついていけない先生が多いのだろう現状もうかがえます。

内容を増やすばかりでは、到底小学校の先生はやり切れないと思う。新しいことをやるのであれば、それなりの人員と条件整備が必要である。デジタル教科書の導入など、ICTの活用についても、地域格差が懸念されている。このような段階で、次から次に新たなものが出てくると、小学校の先生の疲弊感は強くなるばかりなので、実現可能性を考えてほしい。

（教育課程部会　小学校部会（第7回）資料より）

現場での運用がままならないようでは、プログラミング教育は形がい化し、企画倒れになりかねません。

そして、人工知能人材育成に関する課題は、高等教育、特に大学においても表れています。

大学は「産業ニーズ」に応える組織であるべきか？

データサイエンティストの圧倒的な不足を背景に、文理を問わずＳＴＥＭ教育の重要度が高まってきています。２０１７年４月には、滋賀大学に日本発のデータサイエンス学部が設置され、注目を集めました。

また、経済産業省が主催する産業構造審議会の新産業構造部会では、高等教育に「産業ニーズに応じた教育」が重要だと発表しています。人工知能が浸透する、この先の日本においては「実社会に欠かせないデータサイエンスの教育」という、教育界への要請は今後ますます強まるでしょう。

政府関係者もそう考えているようで、前章で取り上げたＯＥＣＤ閣僚理事会での安倍首相講演では「学術研究を深めるのではなく、もっと社会のニーズを見据えた、もっと実践的な、職業教育を行う」と宣言しています。

しかし、そもそも論ですが大学とは産業界からのニーズに応じるための場所なのでしょうか。そのアプローチで先端ＩＴ人材は増えるのでしょうか。

学校教育法には「大学は、学術の中心として、広く知識を授けるとともに、深く専門の学芸を教授研究し、知的、道徳的及び応用的能力を展開させることを目的とする」

「大学は、その目的を実現するための教育研究を行い、その成果を広く社会に提供することにより、社会の発展に寄与するものとする」とあります。

もともと、**大学は「産業ニーズ」に応えるための場所ではなく、真理を追究し、その研究で得た成果を社会に還元するための場所**なのだと言えます。あくまで、産業界というのは還元する対象の1つであり、それ自体が目的になるものではないでしょう。

大学は職業訓練学校のような存在でいいのか？　これが私の率直な疑問です。

確かに経験に勝る教育はありません。学生時代に学んだことよりも、社会に出てから覚えたことが、仕事や生活に大きな影響を与えている人の方が、割合で考えれば圧倒的に多いと思います。

もしかしたら、社会の変化によって大学の役割や存在意義というのは変わっていくのかもしれません。しかし、その方向性が都度ブレてしまうのは、大人たち自身が、大学の価値を定義できていないためだと考えます。

そもそも大学とはどういう場所であるべきでしょうか。「大学」と言えば、私は四書五経の1つである「大学」を思い起こします。

話は逸れますが、そもそもの「大学」の由来は、昌平学校、開成学校、医学校の3校を統合した官立教育機関として「大学校」が名前の始まりだといわれています。要は統合した大きな学校だから「大学」なのです。ただしこの当時の学校関係者が儒教をまったく知らないとは考えられず、多少は経書である「大学」を意識していたと思われます。

大学は「大学の道は、明徳を明らかにするに在り。民に親しむに在り。至善に止まるに在り」という一文から始まります。かなりの超訳ですが、私は「自分の良心を磨き続け、周囲に良い影響を与えていき、人の道に反しないために学ぶ」だと解釈しています。

つまり大学とは「修己治人」のための学問だとも言えます。これは学校教育法に書かれた大学設立の目的とも合致します。

「何のために大学に行くのか」という子供からの質問に、読者なら、どう答えますか？良い就職先を見つけるためでしょうか、それとも今後の人生で有利になるからでしょうか。それでは、あまりにも近視眼ではないでしょうか。

私自身、今はディープラーニングを扱うエンジニアですが、「あのとき真面目に数Ⅲ・Cを学んでおけばよかった」と後悔することも少なくありません。とはいえ、単に統計を学ぶだけであれば、高校卒業後にPythonのコーディングを勉強して、クラウドソーシングで案件を受託していれば、稼ぎを得ることはできるでしょう。

なぜＳＴＥＭ教育が大切なのか、大学は産業ニーズに応える必要はあるのか、今こそ、真剣に考えるときかもしれません。

人工知能人材が足りないのは「当たり前」

ディープラーニングの世界では、毎日のようにイノベーションが起きています。「3カ月前の論文がもう古い」なんて事例はザラにあります。そのたびに知識の更新を図る研究者は大勢います。それが世界の最前線です。

その様子を見ていると、**本当に大切なのは、学ぶ内容そのものではなく、学び続ける習慣と情熱なのだと私は思います。**週に何度か机の前に座り、知識の更新をする時間は、習慣化していなければ、とても続かないでしょう。私たちは学生時代を通して、その「習慣」を身に付けようとしていたと考えてもいいかもしれません。

「人工知能をビジネスに取り入れなければならない、ところで人工知能ってなんだ?」そんなときに調べるというプロセスは、学んだ習慣が生かされています。統計学を学びたい、ディープラーニングを1から学びたいという場合には、大学院に通ったり、まとまった時間を確保して、通信教育で学んだりといった選択肢もあります。

この先、ディープラーニング以外にも、どんどん新しい技術が登場するでしょう。学校教育の現場で学んだ知識が陳腐化して、社会人になってから学び直す機会もあるはず。学校教育の領域と、継続学習の領域で衝突が始まったと言えます。

「先端IT人材が足りない」と叫ばれていますが、未知の領域になればなるほど人材が足りなくなるのは、よくよく考えれば当たり前の話です。教育も含め、そのことを前提としたシステムを考えなければ、この問題は解決できないでしょう。それを考えずに、ただ人材不足を嘆くだけでは、問題の本質を見失っていると言わざるを得ません。

教育分野における文部科学省の政策は、言っていることとやろうとしていることが真逆です。何が原因で、このような結果になっているのかがわからないようで、文部科学行政そのものにリベラルアーツが必要なのかもしれません。

まとめ

小学校から、プログラミング教育が始まります。しかし、言っている内容は立派なものの、実現可能性が無視されているようなところもあります。大学では産業ニーズに合わせた教育を盛り込みたいと安倍首相は言いますが、そもそも大学とは真理を追究し、その研究で得た成果を社会に還元するための場所であり、目的と手段が逆になっていませんか。人工知能のための教育は確かに大切です。ですが本当に大切なのは、学ぶ内容そのものではなく、時代が変わっても学び続ける習慣と情熱ではないでしょうか。それがあれば人工知能の次の技術もキャッチアップできるでしょう。

第7章
人工知能が「社会」に与える影響

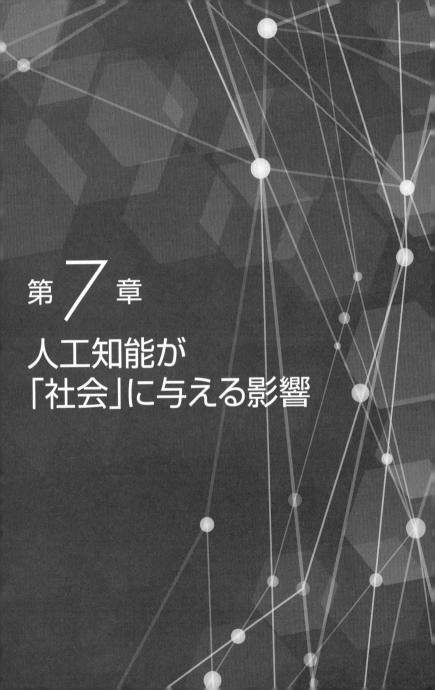

AI

ARTIFICIAL INTELLIGENCE

人工知能が勝手に私を評価するような社会になろうとしているのか？

いくつかの質問に答えるだけで、数カ月以内の退職リスクを判断されたり、自分に合っていると思われる企業を勧めたり――最近の人工知能は、人間の感情や心を評価するまでに進化しています。

実際に体験すると「どうしてわかるのだろう」と不思議に感じることもあるでしょう。それと同じくらい「人工知能に感情まで読み取られたくない」と、不信感や嫌悪感を示す人がいるのも事実です。

人の心は皆違うはずなのに、「Aさんと近い傾向だからB社は合うのではないか」「過去に退職したCさんに似ているから退職のリスクが高い」などと、他人の結果を基に、平均化（標準化）して評価することに、違和感があるというわけです。

人工知能という得体の知れない機械に「お前はAだ」と評価されたり、命令されたりしても納得できないという人は少なくないでしょう。「一人ひとりの違いをちゃんと見極めて、人間がその人に寄り添った理由を説明する方が信頼できる」と主張する人もいます。

では、人工知能が人の心を判断することに対する違和感はどこからくるのでしょうか。

人工知能が人間を判断する「推測」のロジックを理解しているか？

人間を評価したり、内面を推測したりとはいえ、人工知能は人の心を読み取っているわけではありません。

この技術の根幹である機械学習や統計学は、簡単に言えば〝分類〟と〝推測〟を行っているにすぎません。機械学習にしても、統計学にしても、ある程度の誤差やランダム性を認めつつも「Aなのではないか」「Bではないとは言えない」と見なす手法です。

たとえば、回帰分析は2つ以上の変数の関係を比べて傾向を発見し、さらに将来の予測まで可能にします。あくまで〝傾向〟なので、多少の誤差はありますし、傾向から思い切り外れたデータも出てきます。それでも、無数のデータから規則性や法則性を浮かび上がらせる貴重な分析手法なのです。

人が人工知能の判断に対して嫌悪感を覚えるという問題の本質は、手法（計算）の

成り立ちや背景を無視あるいは理解しようとせず「統計学を使って、Aとわかったから Aです」と主張する人間の姿勢にあるように私は考えています。

過程をすっ飛ばして、結論だけを提示されても「私はAじゃないのに、勝手に機械でAと評価されている」という声が起こるのは当然でしょう。

今後、人工知能を活用したサービスは、このような反発を招かないための注意や工夫が必要になると思います。2017年2月に人工知能学会が発表した、人工知能の研究開発に対する倫理指針でも、この問題について触れられています。この指針は「倫理」という名前こそついているものの、実際に読むと「社会との不断の対話」が強調されていることがわかります。

研究者は人工知能を一方的に社会へ押し付けるのではなく、さまざまな意見があることを理解した上で、社会から真摯に学び、理解を深める努力を怠らない。一方、「社会を良くしたい！」という思いを発信する努力も絶やさない――その双方を、指針では訴えています。

見方を変えれば、**「研究者は人工知能開発に対する説明責任を負うべきである」**とも読めます。社会に生きる人たちに向き合い、受け入れてもらう努力を怠らないためには、人工知能の判断や振る舞いを研究者が説明できなければいけません。それができなければ、生活者が抱く、人工知能に対する不信感や嫌悪感を拭うことはできないでしょう。

人間と人工知能の倫理観を問う「トロッコ問題」

現在、活躍している人工知能の多くは、結論(推察)を出すまでが仕事です。あくまで結果を踏まえて判断し、行動するのは人間であり、人間の支援という役割を超えてはいません。しかし、5年や10年もすれば、人の命に関わらないほとんどの領域で、人間は人工知能の結論をそのまま受け入れるようになるでしょう。

たとえば、冷蔵庫の中の食材を把握して「今日の晩御飯にグラタンはいかがですか?」と勧めるのが今日の人工知能なら、「今日の晩御飯はグラタンです」といきなり調理を始めるのが10年後の人工知能です。要するに〝判断〟と〝行動〟がセットになるというわけです。**人工知能の判断がほぼ100%正しければ、人間の確認という作業が必要なくなります。**

それに加え、人工知能の判断に、人が納得できるロジックができてしまえば、自分の行動や動機に対する説明責任を果たせない人間は仕事を徐々に失っていくでしょう。ただし、人間の〝心〟を問うような、明確な答えがない（判断を下すのが難しい）倫理的な問題においては、人工知能の判断に頼るのは難しいかもしれません。

その最たる例が「トロッコ問題」です。

最近では、自動運転車における思考実験として紹介されることが多いトロッコ問題ですが、もともとは英国の哲学者、フィリッパ・フットが考案した倫理学の思考実験であり、人工知能とは何も関係がありません。その内容はこうです。

まず、線路を走っているトロッコが制御不能となり、このままでは、前方で工事作業をしている5人がトロッコにひかれてしまう……というトラブルが起きたと仮定します。

このとき、Aさんが線路の分岐器を操作していたとします。Aさんがトロッコの進路を切り替えれば5人は確実に助かりますが、もう片方の路線でも1人が作業しているため、5人の代わりに、確実にその1人がトロッコにひかれてしまいます。

Aさんは進路を切り替える以外の方法でしか、彼らを助けられません。5人がひかれるか、1人がひかれるかはAさんに委ねられているのです。仮に読者がAさんの立場だったとして、トロッコを別路線に引き込みますか？

この問題では、法的な責任を問わず、倫理的な見解のみを問うています。つまり、**「ある人を助けるために、他の人を犠牲にするのは倫理的に許されるか？」**という問題なのです。

「トロッコ」のくだりを「自動運転車」に置き換えれば、人工知能における思考実験にもなります。

さて、この問題ですが、実は5人を助けても1人を助けても批判されます。それならば、どちらの選択肢を選んだとしても、非難されるような思考実験をなぜ無理やり人工知能に当てはめるのでしょうか。

それは**「判断と行動が一体化された人工知能において、誰がその行動の責任を負えるのか」という問題を明確にしたいから**だと私は考えています。仮にそれが自動運転車であれば、開発者は行動の理由を説明しなければいけないでしょう。

自動運転車だろうと、人工知能が組み込まれたどんな製品であろうと、どういう判断をすればどういう結果が伴うか、人間が考えることに変わりはないのです。私たちの思考の範囲を超える判断は人工知能に誕生しないとも言えます。

したがって、人工知能が倫理的な問題を解決するために考えるべきは、どのような判断と行動が伴えば、人工知能に「倫理」が実装できたと言えるのか、というポイントに絞られます。

しかし、この倫理という言葉の定義は非常にややこしいのです。辞書をひけば、倫理とは「人として守り行うべき道」「善悪、正邪の判断に対する普遍的な基準」という意味を指します。

当たり前の話ですが、道や基準は国によって異なります。宗教、文化、歴史など国の生い立ちによって環境が異なれば、そこに生きる人々の価値観は大きく異なるためです。一方で、判断と行動が一体化された人工知能が国単位、民族単位でローカライズされるとも思えません。

そのため、倫理が問われるような問題を扱う人工知能は、次ような方向性が考えられるでしょう。

- 判断と行動を分離するか（人間の支援という立場に徹するか）
- 世界レベルで何度も議論を重ねた上で、共通する大まかな倫理が実装されるか
- そもそも、倫理的な判断を要する領域の人工知能は発展しないか

いずれにせよ、人間が迷惑を被る事態にはならないと考えられます。

人工知能によって、人の倫理が書き換えられる?

一番恐ろしいのは、人間が考えることを止め、面倒なことはすべて人工知能に判断してもらおうとすることだと思います。

「今日着る服は何にしよう」「今日の晩御飯は何を食べよう」——その程度であれば、問題はないのかもしれません。しかし、脳死状態にある近親者が10年以内に意識が回復する確率は0・1%しかないから、安楽死させるべきという人工知能の判断を「そんなものか」と何も考えずに受け入れるのは極めて不健全ではないでしょうか。

私たちはすでに日本や各地域における「道」や「基準」という、社会からの影響を受けながら結論を下し、日々を過ごしています。その意味では、道や基準から逃れられず、常識という言葉で思考を止めているケースもあるかもしれません。そういったときに、人工知能の判断を頼るのは有効でしょう。

しかし、すべて人工知能に判断を委ねてしまうということは、人工知能の研究者が、国や宗教を越えて、道や基準といった〝常識〟を作り替えてしまう可能性をはらんでいます。

伊藤計劃氏のSF小説『ハーモニー』では、そんな世界のなれの果てを示唆しています。意志を操作され、常に合理的な選択をするようになった幸福状態にある人間は、皆が同じ存在となり、相手を理解する必要さえなくなる。その結果、感情や意識が消え去ってしまうのです。

私としては、人の内面を評価する人工知能そのものは「悪」ではないと考えます。あくまで、学問や技術が生み出した1つの成果です。

しかし、それに対して「そういう意見もあるかもしれないけど、私だったらこう思うな」という意見が出続けない限り、やがては人工知能に飲み込まれるという、ハーモニーのような世界に行き着くかもしれません。

さて、ここまで人工知能の話をしてきましたが、私たち人間はどうでしょう。

たとえば、うわさ話などをうのみにして、気付かないうちに他人を「あの人はこうだから」と決め付けてはいませんか？　最近ではフェイクニュースなども話題になっていますが、**高度に進化した人工知能の力などなくとも、人は簡単に他者に〝支配〟さ**

れてしまうリスクがあることを忘れてはいけないでしょう。

世界はすでに、人工知能に飲み込まれるだけの素地が整っていると見ることもできるのです。

まとめ

人間を評価したり、内面を推測したりとはいえ、人工知能は人の心を読み取っているわけではありません。人工知能の判断に対して嫌悪感を覚えるという問題の本質は、手法の成り立ちや背景を無視あるいは理解しようとせずに、人工知能が言っているからと頭ごなしに説明するからでしょう。一番恐ろしいのは、人間が考えることを止め、面倒なことはすべて人工知能に判断してもらおうとすることです。「そういう意見もあるかもしれないけど、私だったらこう思うな」という感覚は案外正しいと思います。

AI
ARTIFICIAL INTELLIGENCE

この先、人工知能が良しなにやってくれるのか?

「人工知能トレーダー」に「人工知能面接官」、さらには「人工知能婚活」——人工知能が意思決定のための判断材料を提供してくれる領域が急速に広がっています。

2018年には、この傾向がさらに加速していくでしょう。

「人工知能に仕事が奪われる」という悲観的な意見はあるものの、今のところは、そのほとんどは「仕事を手伝ってくれる」程度の能力しか発揮していないのが実情です。

技術が進歩するにつれて、人工知能に任せられる領域は増えていくでしょう。それを期待する人は多いと思いますが、その人工知能が「判断を任せられるほど信頼できるのか」という点については、多くの課題が残っています。

もし、人工知能が受け入れがたい選択肢を提示したら、私たちは「それは違う」と言い返せるのでしょうか。

人工知能も思い込みで判断してしまう？

人工知能はデータで判断するから、人間と違ってバイアス（偏見）がなく、思い込みで判断しない。

これ自体が人間の思い込みかもしれないという可能性を示唆した調査報道が「プロパブリカ（PROPUBLICA）」というメディアで公開され、大きな話題を呼びました。プロパブリカが取り上げたのは、米equivant（旧：Northpointe）が提供している「COMPAS」という再犯率予測プログラムです。

被告人に137個の質問を出し、その答えと過去の犯罪データと照合して、被告が再び罪を犯す危険性を10段階で割り出します。今風に言えば「人工知能犯罪捜査官」でしょうか。米国では採用例が増えつつあるそうです。殺人事件の事前予知によって、発生率そのものをゼロにする映画「マイノリティ・リポート」の世界観に似ている部分があります。

裁判官は「COMPAS」が提供するデータを参考にしつつ、被告人に量刑を下します。参考にする裁判官もいるようですし、逆に自分の良心に従って判決を下す裁判官もいるようです。

プロパブリカは情報公開法などを使い、1万人超を超えるデータを取得して独自に検証を行いました。アルゴリズムの研究結果は「How We Analyzed the COMPAS Recidivism Algorithm」というタイトルで公開されているので、こちらも併せて一読いただければ幸いです。

検証の結果、再犯率の精度は白人59％、黒人63％とほぼ同じ確率で正解していました。では、残りの約4割はどのように間違えたのか？　その結果は、非常に示唆に富んだものでした。

「黒人は再犯の可能性が高い」というバイアス

COMPASが「再犯の可能性が高い人物」と判断した人の中で、2年以内に再犯がなかった割合は黒人45％、白人23％と2倍近い差がありました。一方で、COMPASが「再犯の可能性が低い人物」と判断したのに、2年以内に実際に再犯に及んだ人物の割合は黒人28％、白人48％とこちらも2倍近い差がありました。

つまりCOMPASは、黒人を「実際は更生しているのに、また罪を犯すだろう」と予測しがち、白人はその逆である、というバイアスがかかっている可能性があった

のです。

統計学の世界では、この2種類の誤判断を「第一種過誤（偽陽性）」と「第二種過誤（偽陰性）」と呼びます。一見、難しそうな言葉に見えるかもしれませんが、要するに、誤判断も2種類に分けられるという話です。

スパムメールの判断システムを例に考えてみましょう。第一種過誤とは「スパムメールと勘違いする可能性（本当はスパムじゃないのに、迷惑メールフォルダに振り分けてしまった）」、第二種過誤とは「スパムメールを見逃す可能性（本当はスパムなのに、スパムじゃないと判断した）」を表しています。

一般的には、第一種過誤と第二種過誤が起こる確率を両方とも低くするのは難しく、トレードオフの関係にあるといわれています。たとえば、何としてもスパムメールを弾こうとすれば、怪しそうなメールをすべて迷惑メールフォルダに放り込めばいいのです。その代わりに普通のメールを見落とすリスクは上がります。

しかし、それを同じことを犯罪捜査でやってしまえば、えん罪が多発して大変なことになってしまいます。**そのため「疑わしきは被告人の利益に（罰せず）」の精神で、第一種過誤が起こらないように、すなわち犯人と勘違いしてえん罪を起こさないよ**

う努めるのです。その観点からも、白人と黒人で大きく誤判断の比率が変わってしまったCOMPASには、問題があると言わざるを得ません。

equivantは、報道に対してすぐに反論したものの、アルゴリズム（問題を解決するための方法や手順、ロジック）の公開に至っておらず、論争が続いています。

2017年10月には、同じくCOMPASのアルゴリズムを検証した「Detecting Bias in Black-Box Models Using Transparent Model Distillation」という論文が発表され、プロパブリカが導いた結論とほぼ一緒だったと話題になりました。

もちろん、プロパブリカが集めたデータに偶然、偏りがあったという可能性もあります。しかし、この問題が完全な究明に至るまではしばらく時間がかかるでしょう。判定のロジックがわからない以上、誰もが想像の範ちゅうでしか議論ができないためです。

恐ろしいのは、このような反証ができないシステムに、勝手に再犯率を予測され、それによって囚役期間が変化している可能性がある点です。COMPASの結果をうのみにしていれば、裁判官は知らず知らずのうちに、人種差別的な行動に至っていたかもしれません。

検証できないアルゴリズムの代表例の1つが、人工知能で最も多く使われている「ディープラーニング」です。なぜそのような結論が出るのか、なぜそのような特徴量が選ばれるのか理由がわからないのです。

本来なら、そのロジックを解明する研究が望まれるのですが、活用法の研究が注目を浴びているためか、ロジックそのものに取り組んでいる研究者の名前をあまり知りません。

人工知能が人を裁く、「人工知能裁判官」は生まれるのか?

ディープラーニングはもちろん、機械学習は「データさえあれば、後は何とかなる」というものではありません。誤判断を防ぐため、読みこませているデータにバイアスがかかっていないか、ロジックがおかしくないか、といった検証が絶えず必要になります。

前述のように、司法の場で人工知能が導入されつつある今、人工知能が人間を裁く「人工知能裁判官」の可能性も議論されています。「裁判官だって、過去の判例に基づいて無罪か有罪を決めているわけで、過去のあらゆる判例データを人工知能に読みこませれば、代替できる可能性はあるのでは?」と考える人もいると思います。

実際に、判例研究のデータサイエンス事例を研究している例もあります。熊本大学の森大輔准教授の「判例研究への質的比較分析(QCA)の応用の可能性」という論文などが有名な例でしょう。確かに、この研究結果を用いれば可能性がないとは言い切れません。

では、このシステムはすぐにでも実運用が可能で、裁判官が人工知能に置き換わるかというと、難点や課題がいくつか浮かんできます。

まずは判決に関わる「争点」「論点」についてです。状況を整理し、争点をまとめるのは裁判官の大きな役割です。たとえ「殺人」や「窃盗」という分類はできたとしても、それに至る背景までもまったく同じ事件が過去に多数あるとは考えにくいでしょう。あらゆるデータを読みこませても、ディープラーニングが自動的に論点を表現してくれるとは、とても思えません。これも人間だからこそできるクリエイティブな作業なのだと思います。

2点目は「判例が覆る可能性」についてです。過去にできた判例は二度と覆らないのかというと、そんなことはありません。法律や社会情勢が変われば、ふさわしい判断というのは変わっていきます。**判例主義とは、先例に準拠しつつ、依然とは違う状況を照らし合わせて判断することです。前回の判例に準拠だけすれば良いのは前例主義といって、両者は似て非なるものです。**

では、人工知能はこれまでと違う「新しい判断」を下せるでしょうか。少なくとも、機械学習は読み込ませたデータが判断のすべてです。既存の判例にはない、新たな意思決定を作ろうとするならば、判例以外の情報も必要になるでしょう。そのようなシステムを果たして作ることができるのか、私は疑問に感じています。

同じように、痴漢を裁く裁判で、被告が法廷でいきなり「これはえん罪だ！」と訴えた場合に、罪状や弁護など、さまざまな観点から「証言は偽証と思われる」という洞察を導けるかも難しい問題です。

最後は「責任」の問題です。倫理的にはこれが最も重要な点だと思います。

重犯罪の場合は重い量刑が考えられますが、人工知能の判断に人生が左右されていいのでしょうか。もし、過去の判例が間違っていたり、人工知能が誤った判断をしたりしたら、誰が責任を負えるのでしょうか。データの提供者かアルゴリズムの開発者か、それとも、アルゴリズムの結果を採択した裁判官でしょうか。

人工知能の判断に対する責任は、裁判でなくとも、人の命に関わる自動運転技術や医療への応用でも同じことが言われています。**人工知能というシステムに人生や命を預けられるのか――これは今後、人間が向き合うべき、大きな問題になるでしょう。**

私たちは本当に人工知能を使いこなせるのか?

いくらディープラーニングが特徴量を自動で発見するとはいえ、あらゆる非構造化データを読みこませれば、有罪か無罪かわかるというのは乱暴な議論です。

卓上の研究であれば面白い話かもしれませんが、実際に運用するとなると、考えなければならない点は無数にあります。**技術的な問題だけではなく、法律的な問題、規制面の問題、倫理的な問題……技術は完成しているのに、その他の問題を乗り越えられない研究開発事例は少なくありません。データだけがあっても意味はないのです。**

「人工知能はデータで判断するから間違いない、データさえあれば大丈夫」というのは誤った認識です。判断の前提となるデータやアルゴリズムが間違っている可能性など、さまざまな点に気を付けなければいけませんし、運用に耐えられるレベルで稼働するには、さまざまな調整が必要です。

人工知能に重たい役割を負わせれば、それだけリスクは高まります。人工知能裁判官であれば、読み込ませるデータをめちゃくちゃにしたり、アルゴリズムを少し変えたりしてしまうだけでも、えん罪が多発し、誤った判断のもとで人が殺される可能性すらあります。**今後は、データやアルゴリズムを破壊する新たなテロが出てくるかもしれません。**

このような状況を考えると、「私たちは〝本当に〟人工知能を使いこなせるのか」という問題に向き合い続けることが不可欠だと考えます。人工知能が出した結論に対する疑いの目を忘れず、自ら考え、調べ続ける——これができずに、単に人工知能の判断に従うだけでは、人工知能の奴隷であると言わざるを得ません。

まとめ

この先、人工知能の精度は上がるかもしれませんが、判断を任せられるほど信頼できるかどうかは別問題だと言えるでしょう。たとえばCOMPASの事例があるように、人工知能の予想が外れた際に、明らかに恣意的な誤判断を犯す可能性も考えられます。また、なぜ間違えてしまったのか、ディープラーニングは教えてくれません。したがって導入が浸透する業界、浸透しない業界はこれから顕著に分かれていくでしょう。技術的な問題だけではなく、法律的な問題、規制面の問題、倫理的な問題……技術は完成しているのに、その他の問題を乗り越えられない研究開発事例は少なくありません。実用化するには、データだけがあっても意味はないのです。

おわりに

本書を最後まで読んでいただき、ありがとうございました。著者として、厚く御礼申し上げます。

「働き方」「ビジネス」「政府の役割」「法律」「倫理」「教育」「社会」とさまざまな観点から、人工知能に関する〝誤解〟を検証してきました。

巻末に参考文献を掲載していますが、刊行済みの書籍よりも、白書や論文、他には海外メディアの引用が多くなりました。国内で刊行されている書籍が参考にならないというわけではなく、誤解を解くために最新の情報を入手しようとすると、そうならざるを得なかったというのが正直な感想です。その分、他の人工知能本にはあまりない深みが多少は感じていただけたのではないかと思います。

面白かった点、共感できなかった点、それは違うと感じた点、さまざまあったかと思います。もしよろしければFacebook※1かTwitter※2にてご意見・ご感想などお寄せいただければ幸いです。

たまに「お前は何もわかっていない」と罵倒したメッセージを送る人がいて激しく落ち込むこともあります。それでも読者の皆さんの率直なご意見・ご感想を私は欲しています。

なぜなら、人工知能のような極めて新しい分野を扱う場合、往々にして正しかったものが実は間違っていたり、不正確だったり、途中で姿や形を変えながら、それでも進化を続けます。そのため、自分の考えは正しいと固執すると大きな間違いを犯す可能性があるのです。

だからこそ、自分の言っている内容はいつまでもどこまでも正しいとは限らないと自らを戒めるためにも、色んな人からの意見に耳を傾けることが大事だと考えています。

松本さんのその説明もう古いです、松本さんは「できません」と言っていますが実

※1　https://www.facebook.com/kentaro.matsumoto.0716
※2　https://twitter.com/matsuken0716

はある論文が発表されてできるようになりましたよ、という下りが本書にもあるかもしれません。その際は遠慮なく指摘してください。ただし、メッセージを送った先には1人の繊細な関西人がいる点だけご了承していただければ幸いです。

最後に、本企画を始めるにあたって相談に乗ってくださったアイティメディア株式会社の池田憲弘さん、後藤祥子さん。連載に注目して書籍化のお声がけをくださったシーアンドアール研究所の池田武人さん、吉成明久さん。社内に溜まっている知見の活用として、積極的な課外活動にOKを出していただいた前職の株式会社ロックオンの関係者の皆様、また現職の株式会社デコムの関係者の皆様。関係各社の協力なしには本書はおろか連載すら完成していませんでした。

何より池田憲弘さんの恐ろしいまでも的確な編集がなければ、ここまでソーシャルネットワーク上で多くの反響を呼ぶことはなかったと思っています。2週間に1回の連載、しかも1回につき約4000字の裏付けのある文章を書くのは地獄としか言いようがありませんでした。それでも、最後は池田さんが良い感じに仕上げてくれると信じていたからこそ、予定を超過して17回も連載を続けられました。
本当にありがとうございました。
それでは読者の皆様、いつか、またどこかの書籍でお会いしましょう!

2018年3月

松本健太郎

参考文献

●序章　知能と知性の違いから考える「人工知能」とは何か?

監修；人工知能学会「人工知能とは」（近代科学社）

田坂広志「知性を磨く― 「スーパージェネラリスト」の時代」（光文社新書）

「ICTの進化が雇用と働き方に及ぼす影響に関する調査研究」（総務省）
〔http://www.soumu.go.jp/johotsusintokei/linkdata/h28_03_houkoku.pdf〕

John Rogers Searle「Minds, brains, and programs」
〔https://www.cambridge.org/core/services/aop-cambridge-core/content/view/S0140525X00005756〕

●第1章　人工知能が「働き方」に与える影響

ピーター・F・ドラッカー「ポスト資本主義社会」（ダイヤモンド社）

Carl Benedikt Frey, Michael A. Osborne「THE FUTURE OF EMPLOYMENT」
〔https://www.oxfordmartin.ox.ac.uk/downloads/academic/The_Future_of_Employment.pdf〕

Shivon Zilis「The Current State of Machine Intelligence 3.0」
〔http://www.shivonzilis.com/machineintelligence〕

「新産業構造ビジョン」（経済産業省）
〔http://www.meti.go.jp/press/2017/05/20170530007/20170530007-2.pdf〕

「AIポータル」（国立研究開発法人新エネルギー・産業技術総合開発機構）
〔http://www.nedo.go.jp/activities/ZZJP2_100064.html〕

「労働力調査」（総務省）
〔http://www.stat.go.jp/data/roudou/index.htm〕

●第2章　人工知能が「ビジネス」に与える影響

「平成28年版情報通信白書」（総務省）
〔http://www.soumu.go.jp/johotsusintokei/whitepaper/ja/h28/pdf/〕

「IT人材の最新動向と将来推計に関する調査結果」（経済産業省）
〔http://www.meti.go.jp/policy/it_policy/jinzai/27FY/ITjinzai_report_summary.pdf〕

「新産業構造部会人材・雇用パート（討議資料）」（経済産業省）
〔http://www.meti.go.jp/committee/sankoushin/shin_sangyoukouzou/pdf/013_07_00.pdf〕

「分散深層強化学習でロボット制御」（Preferred Networks）
〔https://research.preferred.jp/2015/06/distributed-deep-reinforcement-learning〕

Marc Mangel, F.J. Samaniego「Abraham Wald's Work on Aircraft Survivability」
〔https://www.researchgate.net/publication/254286514_Abraham_Wald's_Work_on_Aircraft_Survivability〕

●第3章　人工知能が「政府の役割」に与える影響

Philippe Van Parijs「ベーシックインカムの哲学—すべての人にリアルな自由を」(勁草書房)
Evelyn L. Forget「The Town with No Poverty: The Health Effects of a Canadian Guaranteed Annual Income Field Experiment」
〔http://www.utpjournals.press/doi/full/10.3138/cpp.37.3.283〕
Gregory C. Mason「Mincome」
〔http://gregorymason.ca/mincome/〕
A Canadian City Once Eliminated Poverty And Nearly Everyone Forgot About It (HUFFPOST)
〔http://www.huffingtonpost.ca/2014/12/23/mincome-in-dauphin-manitoba_n_6335682.html〕
Juliette Hough, Becky Rice「Providing personalised support to rough sleepers」
〔https://www.jrf.org.uk/report/providing-personalised-support-rough-sleepers〕
「平成26年全国消費実態調査」(総務省)
〔http://www.stat.go.jp/data/zensho/2014/index.htm〕
「国民生活基礎調査」(厚生労働省)
〔http://www.mhlw.go.jp/toukei/list/20-21.html〕
「相対的貧困率等に関する調査分析結果について」(内閣府、総務省、厚生労働省)
〔http://www.mhlw.go.jp/seisakunitsuite/soshiki/toukei/dl/tp151218-01_1.pdf〕
「平成27年度社会保障費用統計」(国立社会保障・人口問題研究所)
〔http://www.ipss.go.jp/ss-cost/j/fsss-h27/H27.pdf〕
「年金特別会計」(厚生労働省)
〔http://www.mhlw.go.jp/wp/yosan/kaiji/nenkin01.html〕
「主要国の研究開発戦略」(国立研究開発法人科学技術振興機構 研究開発戦略センター)
〔http://www.jst.go.jp/crds/pdf/2016/FR/CRDS-FY2016-FR-07.pdf〕
「PREPARING FOR THE FUTURE OF ARTIFICIAL INTELLIGENCE」(whitehouse)
〔https://obamawhitehouse.archives.gov/sites/default/files/whitehouse_files/microsites/ostp/NSTC/preparing_for_the_future_of_ai.pdf〕
「THE NATIONAL ARTIFICIAL INTELLIGENCE RESEARCH AND DEVELOPMENT STRATEGIC PLAN」(whitehouse)
〔https://obamawhitehouse.archives.gov/sites/default/files/whitehouse_files/microsites/ostp/NSTC/national_ai_rd_strategic_plan.pdf〕
「Artificial Intelligence,Automation, and the Economy」(whitehouse)
〔https://obamawhitehouse.archives.gov/sites/whitehouse.gov/files/documents/Artificial-Intelligence-Automation-Economy.PDF〕
「次世代人工知能推進戦略」(総務省)
〔http://www.soumu.go.jp/main_content/000424360.pdf〕

●第4章　人工知能が「法律」に与える影響

「Deal or no deal? Training AI bots to negotiate」(Facebook)
〔https://code.facebook.com/posts/1686672014972296/deal-or-no-deal-training-ai-bots-to-negotiate/〕

「現在実用化されている「自動運転」機能は、完全な自動運転ではありません!!」(国土交通省)
〔http://www.mlit.go.jp/report/press/jidosha07_hh_000216.html〕

「官民 ITS 構想・ロードマップ 2017」(内閣府)
〔http://www.kantei.go.jp/jp/singi/it2/kettei/pdf/20170530/roadmap.pdf〕

「人工知能(AI)&ロボット 月次定点調査(2017年7月度)」(株式会社ジャストシステム)
〔https://marketing-rc.com/report/report-ai-20170830.html〕

「Well-Being新産業創造と世界最高水準の「日本型IR」に向けた夢洲まちづくりへの提言」(関西経済同友会)
〔https://www.kansaidoyukai.or.jp/wp-content/uploads/2017/08/4869b6f2607fdb50ad13170f12f77c03.pdf〕

●第5章　人工知能が「倫理」に与える影響

ピーター・F・ドラッカー「マネジメント(中)」(ダイヤモンド社)

A. M. Turing「COMPUTING MACHINERY AND INTELLIGENCE」
〔https://www.csee.umbc.edu/courses/471/papers/turing.pdf〕

「自律兵器に対する公開状」
〔https://futureoflife.org/open-letter-united-nations-convention-certain-conventional-weapons-japanese/〕

Michal Kosinski, Yilun Wang「Deep Neural Networks Are More Accurate Than Humans at Detecting Sexual Orientation From Facial Images」
〔https://www.gsb.stanford.edu/faculty-research/publications/deep-neural-networks-are-more-accurate-humans-detecting-sexual〕

平成22年度司法研究「科学的証拠とこれを用いた裁判の在り方」について(司法研修所)
〔http://www.courts.go.jp/saikosai/vcms_lf/H22sihokenkyu.pdf〕

●第6章　人工知能が「教育」に与える影響

「第4次産業革命 人材育成推進会議」(首相官邸)
〔http://www.kantei.go.jp/jp/singi/keizaisaisei/miraitoshikaigi/jinzaiikusei_dai1/index.html〕

「小学校段階におけるプログラミング教育の在り方について」(文部科学省)
〔http://www.mext.go.jp/b_menu/shingi/chousa/shotou/122/attach/1372525.htm〕

「中央教育審議会初等中等教育分科会　教育課程部会 小学校部会」(文部科学省)
〔http://www.mext.go.jp/b_menu/shingi/chukyo/chukyo3/074/siryo/attach/1373912.htm〕

「OECD閣僚理事会 安倍内閣総理大臣基調演説」(首相官邸)
〔http://www.kantei.go.jp/jp/96_abe/statement/2014/0506kichokoen.html〕
「人間力戦略研究会報告書」(内閣府)
〔http://www5.cao.go.jp/keizai1/2004/ningenryoku/0410houkoku.pdf〕
「第8章 「レコードに代わるものはこれだ」 <コンパクトディスク>」(ソニー株式会社)
〔https://www.sony.co.jp/SonyInfo/CorporateInfo/History/SonyHistory/2-08.html〕

●第7章　人工知能が「社会」に与える影響

「Machine Bias」(propublica)
〔https://www.propublica.org/article/machine-bias-risk-assessments-in-criminal-sentencing〕
「How We Analyzed the COMPAS Recidivism Algorithm」(propublica)
〔https://www.propublica.org/article/how-we-analyzed-the-compas-recidivism-algorithm〕
Sarah Tan, Giles Hooker, Rich Caruana, Yin Lou
「Detecting Bias in Black-Box Models Using Transparent Model Distillation」
〔https://pdfs.semanticscholar.org/9477/0d1ea1192c05a6922712200689344a742d81.pdf〕
森大輔「判例研究への質的比較分析(QCA)の応用の可能性」
〔http://reposit.lib.kumamoto-u.ac.jp/bitstream/2298/34425/1/KLaw0136_318-262.pdf〕
「倫理指針」(人工知能学会)
〔http://ai-elsi.org/wp-content/uploads/2017/02/人工知能学会倫理指針.pdf〕

■著者紹介

松本《まつもと》　健太郎《けんたろう》　龍谷大学法学部政治学科、多摩大学大学院経営情報学研究科卒。

2007年、株式会社ロックオンに入社、一貫してシステム開発に従事。その後、培った知見を活かしてデータサイエンス職に就く。野球、政治、経済、文化など、さまざまなデータをデジタル化し、分析・予測することを得意とし、テレビやラジオ、雑誌にも登場している。

2018年からは株式会社デコムに参画し、マーケティングリサーチとデータサイエンスを用いて、ビッグデータからは見えない「人間を見に行く」業務に従事。

■編者紹介

池田《いけだ》　憲弘《かずひろ》　慶應義塾大学経済学部卒業後、2011年にアイティメディア株式会社に入社。

PC専門メディア、ビジネス系メディアを経て、2014年に「ITmedia エンタープライズ」編集部に配属。データ活用分野を中心に、AIやIoTなどのトレンドや最新事例を追っている。

2017年からは「Gallup認定ストレングスコーチ」としても活動。ストレングスファインダーを使い、仕事や日々の生活を楽しく過ごすための方法を教えたり、若者向けのイベントを開催したりしている。

最近の悩みは運動不足。ジムに入会したものの、一回行っただけで続いていない。

■ 本書について
- 本書に記述されている製品名は、一般に各メーカーの商標または登録商標です。
  なお、本書では™、©、®は割愛しています。
- 本書は2018年3月現在の情報で記述されています。
- 本書は著者・編集者が内容を慎重に検討し、著述・編集しています。ただし、本書の記述内容に関わる運用結果にまつわるあらゆる損害・障害につきましては、責任を負いませんのであらかじめご了承ください。

編集担当：吉成明久 / カバーデザイン：秋田勘助（オフィス・エドモント）
イラスト：©ktsdesign - stock.foto

AIは人間の仕事を奪うのか？
～人工知能を理解する7つの問題

2018年5月1日　　初版発行

著　者　松本健太郎
編　者　池田憲弘
発行者　池田武人
発行所　株式会社　シーアンドアール研究所
新潟県新潟市北区西名目所4083-6（〒950-3122）
電話　025-259-4293　FAX　025-258-2801
印刷所　株式会社　ルナテック

ISBN978-4-86354-242-6 C3055